国防科技图书出版基金

雷达主瓣和副瓣的灵巧极化干扰技术

戴幻尧　王国良　王建路　周　波　王海军　王肖洋　著

国防工业出版社

·北京·

图书在版编目（CIP）数据

雷达主瓣和副瓣的灵巧极化干扰技术 / 戴幻尧等著. —北京：国防工业出版社，2022.9

ISBN 978-7-118-12520-7

Ⅰ. ①雷…　Ⅱ. ①戴…　Ⅲ. ①极化（电子学）—雷达抗干扰—研究　Ⅳ. ①TN974

中国版本图书馆 CIP 数据核字（2022）第 114373 号

※

国防工业出版社出版发行

（北京市海淀区紫竹院南路 23 号　邮政编码 100048）
北京虎彩文化传播有限公司印刷
新华书店经售

*

开本 710×1000　1/16　插页 4　印张 13¼　字数 225 千字
2022 年 10 月第 1 版第 1 次印刷　印数 1—1000 册　定价 168.00 元

（本书如有印装错误，我社负责调换）

国防书店：（010）88540777　　　书店传真：（010）88540776
发行业务：（010）88540717　　　发行传真：（010）88540762

致 读 者

本书由中央军委装备发展部**国防科技图书出版基金**资助出版。

为了促进国防科技和武器装备发展，加强社会主义物质文明和精神文明建设，培养优秀科技人才，确保国防科技优秀图书的出版，原国防科工委于 1988 年初决定每年拨出专款，设立国防科技图书出版基金，成立评审委员会，扶持、审定出版国防科技优秀图书。这是一项具有深远意义的创举。

国防科技图书出版基金资助的对象是：

1．在国防科学技术领域中，学术水平高，内容有创见，在学科上居领先地位的基础科学理论图书；在工程技术理论方面有突破的应用科学专著。

2．学术思想新颖，内容具体、实用，对国防科技和武器装备发展具有较大推动作用的专著；密切结合国防现代化和武器装备现代化需要的高新技术内容的专著。

3．有重要发展前景和有重大开拓使用价值，密切结合国防现代化和武器装备现代化需要的新工艺、新材料内容的专著。

4．填补目前我国科技领域空白并具有军事应用前景的薄弱学科和边缘学科的科技图书。

国防科技图书出版基金评审委员会在中央军委装备发展部的领导下开展工作，负责掌握出版基金的使用方向，评审受理的图书选题，决定资助的图书选题和资助金额，以及决定中断或取消资助等。经评审给予资助的图书，由国防工业出版社出版发行。

国防科技和武器装备发展已经取得了举世瞩目的成就，国防科技图书承担着记载和弘扬这些成就，积累和传播科技知识的使命。开展好评审工作，使有限的基金发挥出巨大的效能，需要不断摸索、认真总结和及时改进，更需要国防科技和武器装备建设战线广大科技工作者、专家、教授，以及社会各界朋友的热情支持。

让我们携起手来，为祖国昌盛、科技腾飞、出版繁荣而共同奋斗！

国防科技图书出版基金

评审委员会

国防科技图书出版基金
2019 年度评审委员会组成人员

前　　言

现有雷达干扰技术普遍在时域、频域和空域进行，极化信息在雷达对抗中的作用和潜力尚未被充分重视和挖掘，现有各种干扰样式在设计和战术使用中对极化都考虑甚少，往往是单一的斜极化或是圆极化。极化是电磁波除时域、频域和空域信息以外的又一可资利用的重要信息，充分挖掘电磁波和天线中的极化特性，为改善雷达对抗系统性能开辟了新的技术途径。如果雷达对抗系统具备极化域测量和极化调制干扰能力，就能够利用雷达的某些特性或者缺陷，则有望取得显著的干扰效果。

据报道：Northrop Grumman 公司在 F-16 CD/Block60 战斗机的干扰吊舱上装备了交叉极化干扰，可以对一些地对空的跟踪制导雷达、空空制导雷达导引头进行有效的自卫式的角度欺骗干扰；美军新一代干扰机 AN/ALQ-167、美军航空兵机载威胁仿真模拟器上面都具备极化调制的干扰样式；美国 Argo System Inc 研制生产的 APECS-Ⅱ水面舰艇电子战系统，采用了相控阵多波束天线，可覆盖方位360°和高低角30°的范围，能够以脉冲和连续波方式辐射大功率干扰，可同时对付 16 个目标，与传统的相控阵天线比，此系统可以变极化，是世界上第一部以极化分集干扰为主要手段、以单脉冲主动雷达导引头为作战对象的 ECM 系统，该系统已经出口了包括葡萄牙、荷兰、希腊、巴基斯坦等多个国家，美国海军的 SLQ-32（V）电子战系统、法国的 ARBB33 干扰机和以色列的 SEWS 电子战系统也采用了类似技术，俄罗斯的多个型号的机载自卫电子干扰系统也具备交叉极化干扰的干扰能力。

从国际电子战发展趋势来看，极化诱偏、极化分集干扰等干扰技术在美军主战电子战装备上已经成熟应用，新一代干扰机（NGJ）挂载的干扰吊舱 ALQ249就具备了窄波束、相控阵、变极化的能力，并完成了飞行试验，公布了变极化的测试结果。有理由相信，这是美军为应对全球范围内广泛使用的低副瓣、旁瓣匿影、旁瓣对消等雷达抗干扰措施，尝试使用极化分集干扰技术进行电子攻击的一种创新尝试。由此可以看出，在雷达抗干扰手段层出不穷的背景下，雷达干扰技术向极化域拓展可以丰富干扰样式的选择空间，也是雷达对抗技术发展的一种趋势。

本书中灵巧极化干扰的实质是对干扰信号进行极化域调制，可以是实时跟踪雷达极化变化的"极化瞄准"干扰，也可以是和雷达完全正交的"交叉极化"信号，还可以是按一定时序变化的"极化分集"干扰或类似噪声的"随机极化"干扰。灵巧极化干扰拓宽了干扰样式变化的维度，从时域、空域、频域、能量域四个维度拓展到了时、空、频、能量、极化域五个维度。灵巧极化干扰固然可能造成能量上的损失，但是却带来一些新的干扰效果，具有两个鲜明特点：一是巧妙利用了雷达天线主瓣内的寄生交叉极化特性，对单脉冲雷达跟踪测角产生干扰；二是激励了雷达天线旁瓣的寄生交叉极化特性，降低了雷达主、辅接收通道的相关性、阵列单元的一致性，对雷达空域抗干扰措施形成反制，对无源测向精度造成消极影响。

本书以雷达主瓣和副瓣的交叉极化干扰机理和应用为目标，系统地研究天线去极化效应、目标去极化效应、灵巧交叉极化干扰的部分关键技术、灵巧极化干扰使雷达主瓣内定向性能、干涉仪测向产生误差、副瓣空域抗干扰性能降级、产生误差的科学问题。研究了雷达和电子对抗双方在极化域对抗的效果，基于极化融合单脉冲处理体制雷达，设计了交叉极化干扰对抗模拟实验，证明了该体制雷达对交叉极化干扰并不敏感，应该更有针对性的设计对极化融合的干扰方法。在内外场试验数据支撑下，对多种雷达天线的空域极化特征结构进行深入分析，建立有效的空域极化调制模型分析工具和方法，验证了干扰技术的有效性。本书部分研究成果有坚实的研究基础和大规模雷达量测数据作为支撑，有助于推进雷达极化域自适应电磁干扰技术的研究进展，具有重要的理论意义与应用价值。

本书由戴幻尧副研究员、王国良研究员、王建路博士、周波、王海军、王肖洋工程师共同编写。在本书的撰写过程中，中电 29 所的廖宇羽高工从工程实现方面给予了宝贵的指导意见，提供了多方面的支持和帮助，国防科技大学的肖顺平、徐振海、代大海教授给予了不少理论上的指导，在这里一并表示感谢。

书中不当之处在所难免，敬请读者批评指正。

由于本书内容涉及面广，有些问题还在进一步深入研究，加之时间仓促，水平有限，书中难免有不当之处，敬请读者批评指正。

作　者

2021 年 4 月

目　　录

Contents

第1章 雷达导引头天线极化特性的分析与电磁仿真

根据天线原理可知，在天线辐射的电磁波中，除占优势的主极化分量外，还包含一些正交极化分量，称为"交叉极化分量"。卡塞格伦天线具有前向几何结构，将会产生正交极化于主天线馈源的康登（Condon）瓣，即交叉极化的假波瓣。天线罩的曲率或相控阵雷达边缘模块降低的增益，也会引起 Condon 瓣。天线的曲率越大，Condon 瓣就越大。如果雷达被很强的交叉极化信号照射，偏离雷达瞄准轴的 Condon 瓣就会被激励而起主要作用。而平板缝隙阵列单脉冲天线则具有完全不同的特性。下面针对雷达导引头普遍采用的天线型式进行建模，分析卡塞格伦单脉冲天线、平板缝隙阵列天线的极化方向图结构。

1.1 馈源天线的极化特性

常见的有喇叭天线、抛物面天线和透镜天线等。口径场辐射是口径天线的理论基础，如果已知口径场的分布，口径场的辐射可以利用等效原理计算。波导开口面可以看成是最简单的口径天线，但波导开口面的口径场分布复杂且口径较小，因此辐射特性较差，很少直接用作辐射器。为了得到较好的辐射特性，通常把波导的开口面逐渐扩大，使波导口变成喇叭。喇叭天线结构简单，波瓣受其他杂散因素影响小，两个主平面的波瓣易于分别控制，常用作抛物面天线的馈源及标准增益天线等，在一些场合还直接作为天线使用。

1.1.1 典型等效口径分布天线的极化特性

平面口径的辐射可以采用等效源法进行计算。对于任何天线辐射源来说，均可以找到一个等效口径，根据等效源定理，采用等效口径上的场分布近似求解源天线的场，而不必在乎天线的具体结构以及口径分布的具体产生方法。由于在很多情况下，雷达天线的具体形式和参数无法精确获知，因此，探讨具有常用等效口径（例如矩形口径、圆形口径等）天线的极化特性是非常有必要的。图 1.1 为 $z=0$ 平面上的口径示意图。

利用等效原理，在口径上设置导电平面，经过一系列运算，最终可求得口径

的辐射场为

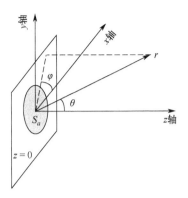

图 1.1 平面口径示意图

$$\begin{cases} E_\theta = \mathrm{j}k_0 \dfrac{\mathrm{e}^{-\mathrm{j}k_0 r}}{2\pi r}\left(f_x \cos\varphi + f_y \sin\varphi\right) \\ E_\varphi = \mathrm{j}k_0 \dfrac{\mathrm{e}^{-\mathrm{j}k_0 r}}{2\pi r}\cos\theta(f_y \cos\varphi - f_x \sin\varphi) \end{cases}$$ （1.1）

式中：$f_x = \int_a E_{ax}\, \mathrm{e}^{\mathrm{j}\left(k_x x' + k_y y'\right)}\, \mathrm{d}s'$，$f_y = \int_a E_{ay}\, \mathrm{e}^{\mathrm{j}\left(k_x x' + k_y y'\right)}\, \mathrm{d}s'$，$k_x = k_0 \sin\theta\cos\varphi$，$k_0^2 = \omega^2 \varepsilon_0 \mu_0$ 称为波数或传播常数；ε_0 为自由空间的介电常数，单位为(F/m)；μ_0 为自由空间的磁导率，单位为（H/m）；$k_y = k_0 \sin\theta\sin\varphi$。

进而，求得极化比：

$$\rho = -\frac{E_\theta}{E_\varphi} = \frac{f_x \cos\varphi + f_y \sin\varphi}{\cos\theta\left(f_x \sin\varphi - f_y \cos\varphi\right)}$$ （1.2）

同时，对于放置在导体地面上的口径，口径面（口径本身除外）可以很好地模拟成无限的导电表面。然后，可利用式（1.1）计算天线的辐射场。由于导体上切向电场为零，故该口径电场的磁流在口径外为零。

自由空间中的口径通常伴随着口径场为横电磁（TEM）波的假定，这种假设对中等和高增益天线是有效的，而且通常成功地应用于尺度仅为几个波长的口径。此时，得到口径辐射场为

$$\begin{cases} E_\theta = \mathrm{j}k_0 \dfrac{\mathrm{e}^{-\mathrm{j}k_0 r}}{2\pi r}\dfrac{1+\cos\theta}{2}\left(f_x \cos\varphi + f_y \sin\varphi\right) \\ E_\varphi = \mathrm{j}k_0 \dfrac{\mathrm{e}^{-\mathrm{j}k_0 r}}{2\pi r}\dfrac{1+\cos\theta}{2}\left(f_y \cos\varphi - f_x \sin\varphi\right) \end{cases}$$ （1.3）

进而，求得天线的极化比：

$$\rho = -\frac{E_\theta}{E_\varphi} = \frac{f_x \cos\varphi + f_y \sin\varphi}{f_x \sin\varphi - f_y \cos\varphi}$$ （1.4）

可以得到如下结论：口径场辐射电磁波的极化状态在空域是变化的，其极化比是空域方位角 φ 和俯仰角 θ 的函数。

1.1.2 矩形口径的辐射场

设一矩形口径放置在 $z=0$ 平面，口径的长宽分别为 a 和 b，设口径电场只有 y 分量，则

$$E_\theta = \mathrm{j}k_0 \frac{\mathrm{e}^{-\mathrm{j}k_0 r}}{2\pi r} f_y \sin\varphi, \quad E_\varphi = \mathrm{j}k_0 \frac{\mathrm{e}^{-\mathrm{j}k_0 r}}{2\pi r} f_y \cos\theta \cos\varphi \tag{1.5}$$

且有

$$f_y = \int_a E_{ay} \, \mathrm{e}^{\mathrm{j}\left(k_x x' + k_y y'\right)} \, \mathrm{d}s' \tag{1.6}$$

设口径上的场是均匀的，且为

$$E_a = \begin{cases} E_0 \hat{y}, & |x| \leqslant a/2, |y| \leqslant b/2 \\ 0, & \text{其他} \end{cases} \tag{1.7}$$

可求得均匀分布矩形同相口径的远区辐射场为

$$\begin{cases} E_\theta = \dfrac{\mathrm{j}k_0 ab E_0}{2\pi r} \mathrm{e}^{-\mathrm{j}k_0 r} \dfrac{\sin u}{u} \dfrac{\sin v}{v} \sin\varphi \\[2mm] E_\varphi = \dfrac{\mathrm{j}k_0 ab E_0}{2\pi r} \mathrm{e}^{-\mathrm{j}k_0 r} \dfrac{\sin u}{u} \dfrac{\sin v}{v} \cos\varphi \cos\theta \end{cases} \tag{1.8}$$

其中

$$u = \frac{k_x a}{2} = \frac{k_0 a}{2} \sin\theta \cos\varphi, \quad v = \frac{k_y b}{2} = \frac{k_0 b}{2} \sin\theta \sin\varphi \tag{1.9}$$

进而，求得极化比：

$$\rho = -E_\theta / E_\varphi = -\tan\varphi / \cos\theta \tag{1.10}$$

可见，该种口径场的极化是空域角坐标的函数，在方位面上随方位角 φ 按照正切规律变化，在俯仰面上随俯仰角 θ 按照正割函数关系变化。

锥削分布（即中间大两边小的一类分布）是最常用的不均匀分布口径场，余弦分布就是其中最典型的一种。以矩形波导中传播 TE_{10} 模时波导口的场分布为例，口径场沿 x 方向为余弦分布，沿 y 方向为均匀分布，有：

$$E_{ay} = E_0 \cos\frac{\pi x}{a} \tag{1.11}$$

且

$$f_y = E_0 ab \cdot \frac{\cos u}{1 - (2u/\pi)^2} \cdot \frac{\sin v}{v} \tag{1.12}$$

此时，与均匀分布口径场的方向图相比，余弦分布口径场的空域极化比仍为 $\rho = -E_\theta / E_\varphi = -\tan\varphi / \cos\theta$，具有相同的表达式。

1.1.3 圆形口径的辐射场

设圆形口径的直径为 d，口径上有 y 方向的均匀电场分布，$E_a = \hat{y}E_0$，其中：

$$f_y = \pi\left(\frac{d}{2}\right)^2 E_0 \cdot 2J_1\left(\frac{k_0 d}{2}\sin\theta\right) \bigg/ \left(\frac{k_0 d}{2}\sin\theta\right) \tag{1.13}$$

天线的辐射场为

$$\begin{cases} E_\theta = \dfrac{jk_0 E_0 d^2}{4r}\mathrm{e}^{-jk_0 r} \cdot \sin\varphi \cdot J_1\left(\dfrac{k_0 d}{2}\sin\theta\right) \bigg/ \left(\dfrac{k_0 d}{2}\sin\theta\right) \\[4mm] E_\varphi = \dfrac{jk_0 E_0 d^2}{4r}\mathrm{e}^{-jk_0 r} \cdot \cos\theta\cos\varphi \cdot J_1\left(\dfrac{k_0 d}{2}\sin\theta\right) \bigg/ \left(\dfrac{k_0 d}{2}\sin\theta\right) \end{cases} \tag{1.14}$$

求得天线的空域极化比为

$$\rho = -E_\theta \big/ E_\varphi = -\tan\varphi \big/ \cos\theta \tag{1.15}$$

可见，式（1.15）与式（1.10）的极化比具有相同的形式。

TE_{11} 模激励的圆波导开口面上口径场分布的近似式为

$$\begin{cases} E_{ay} = E_0\left[\dfrac{d}{2\chi p}J_1\left(\dfrac{2\chi p}{d}\right)\sin^2\varphi + J_1'\left(\dfrac{2\chi p}{d}\right)\cos^2\varphi\right] \\[4mm] E_{ax} = E_0\left[\dfrac{d}{2\chi p}J_1\left(\dfrac{2\chi p}{d}\right) + J_1'\left(\dfrac{2\chi p}{d}\right)\cos\varphi\sin\varphi\right] \end{cases} \tag{1.16}$$

式中：d 为口径的直径；χ 为 $J_1'(x)$ 的第一个根。

令 $\dfrac{2\chi p}{d} = x$，式（1.16）可写为

$$\begin{cases} E_{ay} = \dfrac{1}{2}E_0\left[J_0(x) - J_2(x)\cos 2\varphi\right] \\[4mm] E_{ax} = \dfrac{1}{2}E_0 J_0(x)\sin 2\varphi \end{cases} \tag{1.17}$$

令 $y = k_0 p\sin\theta$，根据贝塞尔公式，即有

$$\begin{cases} f_y = \displaystyle\int_0^{d/2} p\,\mathrm{d}p\int_0^{2\pi} E_{ay}\,\mathrm{e}^{jk_0 p\sin\theta\cos\varphi}\,\mathrm{d}\varphi = 2SE_0\dfrac{\chi^2 J_0(\chi)J_1'(u)}{\chi^2 - u^2} \\[4mm] f_x = \displaystyle\int_0^{d/2} p\,\mathrm{d}p\int_0^{2\pi} E_{ax}\,\mathrm{e}^{jk_0 p\sin\theta\cos\varphi}\,\mathrm{d}\varphi \\[4mm] \quad = \dfrac{1}{2}E_0\displaystyle\int_0^{d/2} pJ_0(x)\,\mathrm{d}p\int_0^{2\pi}\sin 2\varphi\,\mathrm{e}^{jk_0\cos\varphi}\,\mathrm{d}\varphi = 0 \end{cases} \tag{1.18}$$

式中：$u = \dfrac{k_0 d}{2}\sin\theta$；$S = \pi\left(\dfrac{d}{2}\right)^2$。

求得该口径的远场分布为

$$\begin{cases} E_\theta = \dfrac{jk_0 SE_0}{\pi r} e^{-jk_0 r} \dfrac{\chi^2 J_0(\chi) J_1'(u)}{\chi^2 - u^2} \sin\varphi \\[3mm] E_\varphi = \dfrac{jk_0 SE_0}{\pi r} e^{-jk_0 r} \dfrac{\chi^2 J_0(\chi) J_1'(u)}{\chi^2 - u^2} \cos\theta\cos\varphi \end{cases} \qquad (1.19)$$

虽然口径天线远区辐射场的表达式非常复杂，但此时天线的空域极化比 $\rho = -\tan\varphi / \cos\theta$，仍然具有相同的形式。

以上分析的是几种最常见最基础的口径场分布形式，虽然各种口径的远区辐射场不尽相同，但其空域极化比却具有相同的形式 $\rho = -\tan\varphi / \cos\theta$。

波导开口面可以看成是最简单的面天线，微波波段（尤其是 C、X 及以上频段）的阵列天线常用工作于主模的开口矩形波导、圆波导及矩形波导裂缝作为阵元。

1.1.4 矩形波导口的辐射场

口径尺寸为 $a \times b$ 并计入反射系数 Γ 的矩形波导口（H_{10} 模）的辐射场为

$$\begin{cases} E_\theta(\theta,\varphi) = \sin\varphi \left(1 + \dfrac{1-\Gamma}{1+\Gamma} \cdot \dfrac{\lambda}{\lambda_g} \cos\theta \right) \dfrac{\cos\left(\frac{1}{2} au\right)}{1 - \left(\frac{1}{\pi} au\right)^2} \cdot \dfrac{\sin\left(\frac{1}{2} bv\right)}{\frac{1}{2} bv} \\[5mm] E_\varphi(\theta,\varphi) = \cos\varphi \left(\cos\theta + \dfrac{1-\Gamma}{1+\Gamma} \cdot \dfrac{\lambda}{\lambda_g} \right) \dfrac{\cos\left(\frac{1}{2} au\right)}{1 - \left(\frac{1}{\pi} au\right)^2} \cdot \dfrac{\sin\left(\frac{1}{2} bv\right)}{\frac{1}{2} bv} \end{cases} \qquad (1.20)$$

式中：TE_{10} 波的传播常数 $k_{10} = 2\pi / \lambda_g$，$\lambda_g = \lambda / \sqrt{1 - (\lambda/2a)^2}$ 为波导波长；u 和 v 为广义角坐标，$u = k\sin\theta\cos\varphi$，$v = k\sin\theta\cos\varphi$；由于严格计算波导开口处产生的反射系数 Γ 很困难，通常它可采用实验方法测定。

根据式（1.20）可求得矩形波导口辐射场的极化比为

$$\rho = -\frac{E_\theta}{E_\varphi} = -\tan\varphi \cdot \left(1 + \frac{1-\Gamma}{1+\Gamma} \cdot \frac{\lambda}{\lambda_g} \cos\theta \right) \bigg/ \left(\cos\theta + \frac{1-\Gamma}{1+\Gamma} \cdot \frac{\lambda}{\lambda_g} \right) \qquad (1.21)$$

波导开口面直接作为天线使用时，由于口径尺寸小，波瓣宽度宽，因此方向性很弱。波导口和自由空间的匹配很差，波导口的反射系数 Γ 通常可达 0.25～0.3，在口面反射为零，即 $\Gamma=0$ 的特殊情况下，矩形波导口辐射场的极化比简化为

$$\rho = -\tan\varphi \qquad (1.22)$$

1.1.5 圆形波导口的辐射场

直径为 $2a$ 的圆波导口（H_{11}）模的辐射场为

$$\begin{cases} E_\theta(\theta,\varphi) = \left(1 + \dfrac{1-\varGamma}{1+\varGamma} \cdot \dfrac{\lambda}{\lambda_g} \cos\theta \right) \sin\varphi \dfrac{J_1(ka\sin\theta)}{ka\sin\theta} \\[4mm] E_\varphi(\theta,\varphi) = \left(\cos\theta + \dfrac{1-\varGamma}{1+\varGamma} \cdot \dfrac{\lambda}{\lambda_g}\right) \cos\varphi \cdot J_1'(ka\sin\theta) \Big/ \left(1 - \left(\dfrac{ka}{1.841}\sin\theta\right)^2\right) \end{cases} \quad (1.23)$$

根据式（1.23）可求得圆波导口辐射场的极化比为

$$\rho = -\frac{E_\theta}{E_\varphi} = -\tan\varphi \cdot \frac{\left(1 + \dfrac{1-\varGamma}{1+\varGamma} \cdot \dfrac{\lambda}{\lambda_g}\cos\theta\right)}{\left(\cos\theta + \dfrac{1-\varGamma}{1+\varGamma} \cdot \dfrac{\lambda}{\lambda_g}\right)} \cdot \frac{\left(\dfrac{J_1(ka\sin\theta)}{ka\sin\theta}\right)}{\left(J_1'(ka\sin\theta)\Big/\left(1 - \left(\dfrac{ka}{1.841}\sin\theta\right)^2\right)\right)} \quad (1.24)$$

由式（1.24）可见，虽然各种典型波导口空域极化比的具体表达式不同，但可以看出，矩形波导口、圆形波导口这几种典型波导口的极化特性之间存在一个共同点：即其极化比 ρ 在方位向上均按方位角的正切函数 $\tan\varphi$ 规律变化。

喇叭天线广泛地应用于 1GHz 以上的微波区域，它具有高增益、低电压驻波比（VSWR）、较宽带宽、低重量的特点，而且比较容易构建，因此常用作抛物面天线的馈源及标准增益天线等，在一些场合还直接作为天线使用。喇叭天线的基本形式是把矩形波导和圆波导开口面逐渐扩展后形成的。矩形波导的壁只在一个平面内扩展形成的喇叭称为扇形喇叭；在 E 平面内扩展称为 E 面扇形喇叭；在 H 平面内扩展称为 H 面扇形喇叭；在两个平面内同时扩展形成的喇叭称为角锥喇叭；圆波导开口面扩展后形成的喇叭称为圆锥喇叭。

虽然喇叭天线辐射场的表达式非常复杂，但其极化比形式却非常简单，不管是 H 面扇形喇叭、E 面扇形喇叭、角锥喇叭还是圆锥喇叭，可推得其空域极化比的表达式均为

$$\rho = -E_\theta / E_\varphi = -\tan\varphi \quad (1.25)$$

本节针对典型面天线的极化特性进行了理论推导，为便于对照，将以上各种天线的极化特性总结如表 1.1 所列。

表 1.1　典型面天线的极化特性表

天线类型		空域极化比 ρ
典型等效口径分布天线		$\rho = -\tan\varphi / \cos\theta$
波导口辐射器	无限大接地平面中的开口波导	$\rho = -\dfrac{\tan\varphi}{\cos\theta}$
	矩形波导口	$\rho = -\tan\varphi \cdot \left(1 + \dfrac{1-\varGamma}{1+\varGamma} \cdot \dfrac{\lambda}{\lambda_g}\cos\theta\right) \Big/ \left(\cos\theta + \dfrac{1-\varGamma}{1+\varGamma} \cdot \dfrac{\lambda}{\lambda_g}\right)$
	圆形波导口	$\rho = -\tan\varphi \cdot \dfrac{\left(1 + \dfrac{1-\varGamma}{1+\varGamma} \cdot \dfrac{\lambda}{\lambda_g}\cos\theta\right)}{\left(\cos\theta + \dfrac{1-\varGamma}{1+\varGamma} \cdot \dfrac{\lambda}{\lambda_g}\right)} \times \dfrac{\left(\dfrac{J_1(ka\sin\theta)}{ka\sin\theta}\right)}{\left(J_1'(ka\sin\theta)\Big/ 1 - \left(\dfrac{ka}{1.841}\sin\theta\right)^2\right)}$
喇叭天线		$\rho = -\tan\varphi$

1.2 单脉冲天线模型及电磁特性分析

1.2.1 天线模型

使用喇叭天线作为馈源，天线的尺寸各参数及坐标系如图 1.2 所示。

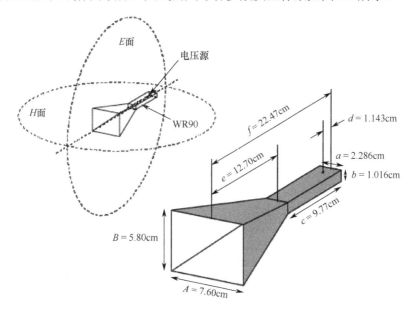

图 1.2 天线模型

1.2.2 天线罩模型

（1）天线罩几何形状。

天线罩通常位于导弹、飞机等飞行器的最前部，是三维复杂曲面薄壁结构，具有流线外形，似鼻锥形抛物面，孔深径小，结构大且复杂。天线罩的侧视、俯视结构建模如图 1.3 所示。考虑常用的典型正切卵形天线罩，其几何结构如图 1.4 所示。

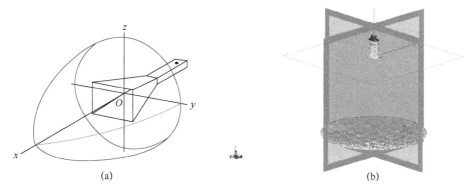

(a) (b)

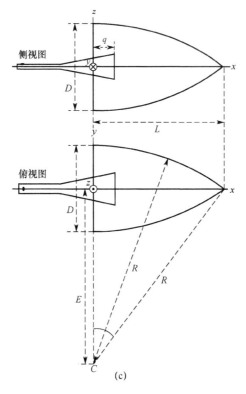

图 1.3   天线罩建模

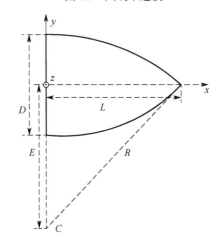

图 1.4   正切卵形天线罩几何结构示意图

其横截面母线满足关系式：

$$(y+E)^2 + x^2 = R^2, \quad 0 \leqslant x \leqslant L, 0 \leqslant y \leqslant D/2 \tag{1.26}$$

式中：D 为天线罩的底部直径；L 为天线罩的高度；R 为母线圆弧的半径；E 为母线圆弧的半径与天线罩底部半径的差值，这几个控制参数之间的关系为

$$\begin{cases} E = \left(4L^2 - D^2\right)\big/4D \\ R = \left(4L^2 + D^2\right)\big/4D \\ D = 2\left(R - E\right) \\ L = \left(R^2 - E^2\right)^{\frac{1}{2}} \end{cases} \quad (1.27)$$

（2）介质平板模型。

对于电大尺寸天线罩，由于罩面平均曲率半径较大，在局部范围可将天线罩壁看作近似的介质平板层。如图 1.5 所示，当电磁波以入射角 θ_0 入射到介质层时，在入射点处，入射波相对于入射平面被分解成垂直极化分量和水平极化分量。这样电磁波与天线罩壁的相互作用可近似为平面波与介质平板之间的作用，天线罩壁的传输特性与反射特性可用传输线理论分析。其中，反射系数 $\left[\Gamma_\perp \ \Gamma_\parallel \right]$ 以及垂直极化分量和平行极化分量穿过介质层的透射系数 $\left[T_\perp \ T_\parallel \right]$ 可由多层介质平板级联 $ABCD$ 传输矩阵计算：

$$\begin{bmatrix} T_\perp & \Gamma_\perp \\ T_\parallel & \Gamma_\parallel \end{bmatrix} = \begin{bmatrix} \dfrac{E_\perp^t}{E_\perp^i} & \dfrac{E_\perp^r}{E_\perp^i} \\ \dfrac{E_\parallel^t}{E_\parallel^i} & \dfrac{E_\parallel^r}{E_\parallel^i} \end{bmatrix} = \begin{bmatrix} \dfrac{1}{A_0} & \dfrac{B_0}{A_0} \\ \dfrac{1}{C_0} & \dfrac{D_0}{C_0} \end{bmatrix} \quad (1.28)$$

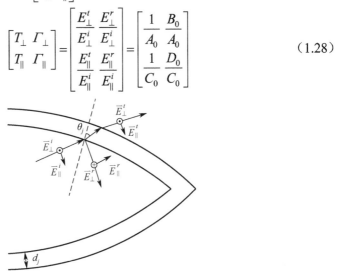

图 1.5　水平极化和垂直极化分量在介质平板中的传播示意图

假设共有 N 层介质：

$$\begin{cases} A_j = \dfrac{\mathrm{e}^{\psi_i}}{2}\Big[A_{j+1}\left(1 + Y_{j+1}\right) + B_{j+1}\left(1 - Y_{j+1}\right) \Big], A_{N+1} = 1 \\ B_j = \dfrac{\mathrm{e}^{-\psi_i}}{2}\Big[A_{j+1}\left(1 - Y_{j+1}\right) + B_{j+1}\left(1 + Y_{j+1}\right) \Big], B_{N+1} = 0 \\ C_j = \dfrac{\mathrm{e}^{\psi_i}}{2}\Big[C_{j+1}\left(1 + Z_{j+1}\right) + D_{j+1}\left(1 - Z_{j+1}\right) \Big], C_{N+1} = 1 \\ D_j = \dfrac{\mathrm{e}^{-\psi_i}}{2}\Big[C_{j+1}\left(1 - Z_{j+1}\right) + D_{j+1}\left(1 + Z_{j+1}\right) \Big], D_{N+1} = 0 \end{cases} \quad (1.29)$$

式中：ψ_j 为相位角，$\psi_j = d_j \gamma_j / \cos \theta_j$，$d_j$ 为第 j 层介质的厚度，γ_j 为第 j 层媒质的传播常数，$\gamma_j = \pm \sqrt{i \omega \mu_j (\sigma_j + i \omega \varepsilon_j)}$，$\mu_j$ 为第 j 层磁导率，ε_j 为第 j 层介电常数，θ_j 为第 j 层介质平板上的折射角；$Y_{j+1} = \dfrac{\cos \theta_{j+1}}{\cos \theta_j} \sqrt{\dfrac{\varepsilon_{j+1} (1 - i \tan \delta_{j+1})}{\varepsilon_j (1 - i \tan \delta_j)}}$，$\tan \delta_j$ 为第 j 层损耗角正切；$Z_{j+1} = \dfrac{\cos \theta_{j+1}}{\cos \theta_j} \sqrt{\dfrac{\varepsilon_j (1 - i \tan \delta_j)}{\varepsilon_{j+1} (1 - i \tan \delta_{j+1})}}$。设第 j 层介质平板上的折射角 θ_j 可根据斯涅耳定理确定，这样，对于低损耗（$\tan \delta_j \ll 0.1$）材料就可以得到：

$$\cos \theta_{j+1} \approx \sqrt{1 - \left(\frac{\mu_j \varepsilon_j}{\mu_{j+1} \varepsilon_{j+1}} \right) \sin^2 \theta_j} \tag{1.30}$$

从上述分析过程可以看出，天线罩作为介质平板层，由于对入射到其上电磁波的水平极化分量和垂直极化分量的反射系数 $[\Gamma_{\perp} \ \Gamma_{\parallel}]$ 和透射系数 $[T_{\perp} \ T_{\parallel}]$ 不同，导致两个极化分量通过天线罩时，产生了不同的振幅衰减和相位延迟，从而使得通过天线罩后的两个极化分量再合成的电磁波与原来的极化状态不同，产生去极化效应。对于介质平板模型的天线罩来说，其影响电磁波垂直极化和水平极化分量传播的因素主要与天线罩的介质材料参数有关，主要考虑三个关键参数：介电常数 ε_j、损耗角正切 $\tan \delta_j$、介质板厚度 d_j。

为了获得天线罩单脉冲雷达天线极化特性影响的先验知识，建立 X 波段天线－天线罩仿真模型，其结构示意图如图 1.6（a）所示。天线罩外形为正切卵形，底部直径 D 为 $18 \lambda_0$，高度 L 为 $45 \lambda_0$，$\lambda_0 = 3$ cm。另外，天线罩的材料特性，包括相对介电常数 $\varepsilon = 11$、厚度 $d = 1$ cm、损耗角正切 $\tan \delta = 0.03$。如图 1.6（b）所示抛物反射面天线，馈源为四个矩形喇叭组合而成。下面分别对加罩前后反射面的极化方向图进行仿真。

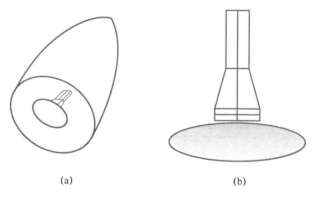

(a)   (b)

图 1.6 带天线罩的单脉冲天线

（a）天线罩中的单脉冲天线；（b）抛物反射面单脉冲天线。

1.3 基于矩量法的天线电磁特性分析

1.3.1 极化特性

抛物面天线系统的几何形状引起交叉极化的主要因素是馈源及反射面的曲率。具体地，考虑一个馈源天线，假设沿 x 轴线极化，且指向反射器顶点，并分别具有 E 面和 H 面方向图 $C_E(\theta_0)$ 和 $C_H(\theta_0)$。一般馈源产生的口径场为

$$
\begin{aligned}
E_a = V_0 \frac{\mathrm{e}^{-\mathrm{j}\beta 2f}}{r_o} &\left\{-\hat{x}\left[C_E(\theta_0)\cos^2\phi_0 + C_H(\theta_0)\sin^2\phi_0\right]\right. \\
&\left. + \hat{y}\left[C_E(\theta_0) - C_H(\theta_0)\right]\sin\phi_0\cos\phi_0\right\}
\end{aligned} \tag{1.31}
$$

式（1.31）中，由于 E 面和 H 面主方向图 $C_E(\theta_0)$ 和 $C_H(\theta_0)$ 的不平衡，引起了交叉极化（也即 y 极化场分量），该口径交叉极化引起远场交叉极化。对式（1.31）的口径分布积分以求得辐射。考虑 x 极化短电偶极子，$C_E = \cos\theta_0$ 和 $C_H = 1$，有

$$
\begin{aligned}
E_a = V_0 \frac{\mathrm{e}^{-\mathrm{j}\beta 2f}}{r_o} &\left\{-\hat{x}\left[\cos\theta_0\cos^2\phi_0 + \sin^2\phi_0\right]\right. \\
&\left. - \hat{y}\left[1 - \cos\theta_0\right]\sin\phi_0\cos\phi_0\right\}
\end{aligned} \tag{1.32}
$$

式（1.32）括号中的表达式可以简化为 E 面（$\phi_0 = 0°$）的 $-\hat{x}\cos\theta_0$ 和 H 面（$\phi_0 = 90°$）的 $-\hat{x}$。因此，口径场极化是平行于主平面中的短振子的，而在反射过程中，口径场和反射场关系反转。对于非主平面，场分量出现了正交于馈源场（即 y 分量）的交叉极化。反射器的反射也有这种交叉极化。

根据 A.C.Ludwig 曾对天线交叉极化的完整描述，以三种参考极化作为主极化，得出了交叉极化的三种定义。其中，第三种定义常用于描述惠更斯源产生的极化波，交叉极化是相同的惠更斯源在孔径面上旋转 90° 后产生的极化波。该定义最接近于天线方向图测量的实际情况，能在通常测量天线方向图的条件下测出。按照这个定义，当被测天线和信标天线最大射束方向互相对准时，令两天线的极化互相平行，然后转动被测天线所测得的方向图即为主极化方向图 E_p；当两天线最大射束方向互相对准时，令其极化互相垂直，然后转动被测天线所测得的方向图即为交叉极化方向图 E_q，表达式如下：

$$
\begin{cases}
E_p(\theta, \varphi) = \boldsymbol{E}_\theta(\theta, \varphi)\sin\varphi\,\hat{\boldsymbol{u}}_\theta + \boldsymbol{E}_\varphi(\theta, \varphi)\cos\varphi\,\hat{\boldsymbol{u}}_\varphi \\
E_q(\theta, \varphi) = \boldsymbol{E}_\theta(\theta, \varphi)\sin\varphi\,\hat{\boldsymbol{u}}_\theta - \boldsymbol{E}_\varphi(\theta, \varphi)\sin\varphi\,\hat{\boldsymbol{u}}_\varphi
\end{cases} \tag{1.33}
$$

式中：$\boldsymbol{E}_\theta$ 和 $\boldsymbol{E}_\varphi$ 分别为 $\hat{\boldsymbol{u}}_\theta$ 和 $\hat{\boldsymbol{u}}_\varphi$ 方向的电场分量。利用第三种定义，当参考源作 90° 旋转后，任何方向上测得的共极化场和交叉极化场也互换。而以往对于交叉极化的研究和计算通常是在直角坐系或者球坐系的主轴方向，它们分别只适用于线极化波和电偶极子产生的极化波，而对于一般情况下的交叉极化，这两种定义都不够严谨，也不能完全描述清楚，因此，这个最符合实际情况的第三定义被广

泛采用。根据此定义就推导出：抛物面天线即使投影口面场只有主极化分量而没有交叉极化分量，其辐射场也会产生交叉极化分量。

另外，当焦径比 f/D 增加时，最大馈电角 θ_0 减小，因此，式（1.32）的第二项减小，导致交叉极化降低。反过来，f/D 变小时，交叉极化增大。在雷达导引头普遍采用单脉冲天线设计中，天线尺寸、焦径比、最大馈电角等因素要与实际配套系统指标符合进行设计，综合折中考虑。

1.3.2 馈源的影响

根据抛物反射面天线的特点，其馈源是收发电磁波的重要器件，所以首先对抛物反射面天线的馈源进行仿真。图 1.7 给出了单个矩形喇叭的坐标示意图，图中黑点部分为矩形喇叭的馈电，它采用探针馈电。图 1.8 给出了单个矩形喇叭 E 面和 H 面的主极化、交叉极化方向图。

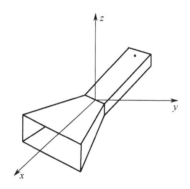

图 1.7　单个矩形喇叭的坐标示意图

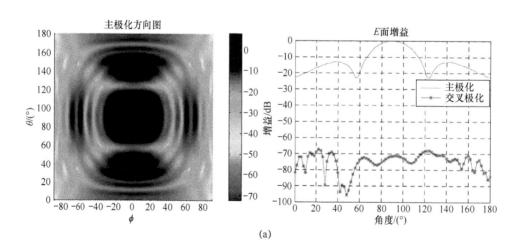

(a)

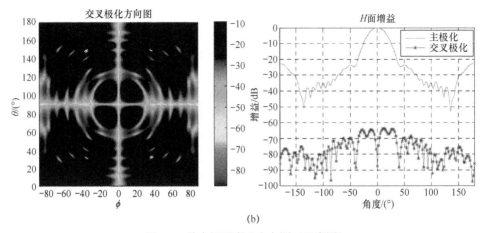

(b)

图 1.8　单个矩形喇叭方向图（见彩图）

（a）*E* 面方向图；（b）*H* 面方向图。

从图 1.8 可以看出，理想情况下不考虑其他影响因素，矩形喇叭的极化纯度相当高，交叉极化抑制比可以达到-50dB 以下。*E* 面和 *H* 面天线方向图的极化结构具有显著差异，*E* 面交叉极化方向图在中心方向也具有一个明显的波瓣，而 *H* 面的交叉极化方向图在中心方位，即主极化最大增益位置存在一个零点。这个结构和单脉冲天线差波束方向图结构很相似。另外，*E* 面主极化和交叉极化之间相差约 70dB，而 *H* 面主极化和交叉极化之间相差约 50dB，这是由 *E* 面方向馈电不平衡造成的，和天线交叉极化产生原因一致。

单脉冲天线为了同时完成多个波束的角度比较和鉴别，可将阵列天线以及比较器（和差器）进行组合，反射面和单脉冲多个馈源级联比较器（和差器）也是经常采用的方案。馈源一般采用 4 个喇叭，如图 1.9（a）所示。方位向和俯仰向上均有两两对称放置的喇叭天线。图 1.9（b）和（c）给出了这种组合喇叭所形成的和波束和差波束在 *E* 面的主极化和交叉极化方向图。

从图 1.9 可以看出：相比于图 1.8（a）中的单个喇叭 *E* 面方向图，组合喇叭和波束的 *E* 方向主极化发生了变化，旁瓣起伏比较大。另外，组合喇叭在俯仰向出

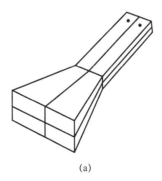

(a)

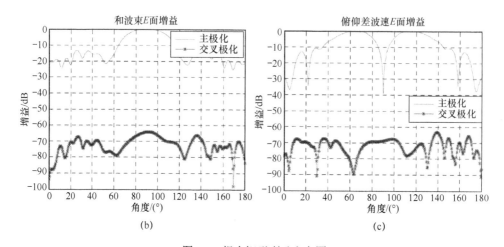

图 1.9　组合矩形喇叭方向图

（a）组合喇叭模型示意图；（b）和波束；（c）差波束。

现了明显的差波束形式，如图 1.9（b）所示，主极化最大增益位置出现了零点，实际上方位向同样也具有相似的结构，限于篇幅，这里没有给出。四个矩形喇叭进行了波束合成，使得四个喇叭组合起来出现了与单个喇叭不一样的极化结构。从图 1.9（b）的和波束方向图可见，其交叉极化抑制比与图 1.8 的单个矩形喇叭的交叉极化抑制比相当。这说明虽然组合喇叭极化结构发生了变化，但是极化纯度未见明显变化。

1.3.3　未加天线罩的单脉冲雷达天线

这里对不同焦径比、馈源位置等多种情况下的主极化和交叉极化特性进行了仿真。图 1.10 首先给出了焦径比 f/D 分别为 0.5、0.8、1.2 时反射面单脉冲天线 E 面和波束的主极化、交叉极化方向图。

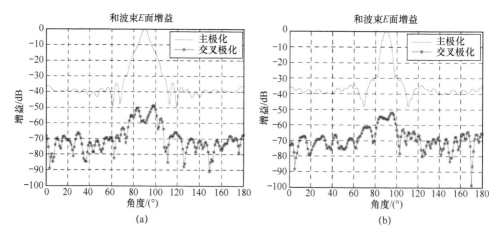

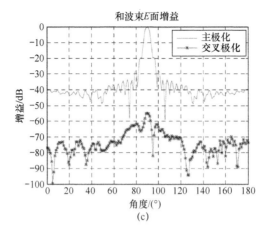

(c)

图 1.10　不同焦径比时抛物反射面方向图

（a）f/D=0.5；（b）f/D=0.8；（c）f/D=1.2。

为了显示方便，进行了归一化，从图 1.10 可以看出，由于反射面的加入，和波束方向图交叉极化水平明显比图 1.9 增加了 10dB 以上，随着焦径比的增加，交叉极化分量变小，这和前面理论分析一致。与图 1.8 的组合喇叭方向图相比，主瓣波束宽度变窄，3dB 波束宽度约为 6.14°，并且随着焦径比的增大，主极化方向图主瓣波宽变窄。可以看出，抛物反射面单脉冲天线交叉极化分量较大的原因与反射面有很大关系。另外，除了馈源本身的特性，馈源的位置也是影响交叉极化特性的重要因素，图 1.11 仿真了当焦径比固定为 0.8 时，馈源偏置角为 5°、10° 两种情况时的主极化和交叉极化方向图。

从图 1.11 可以明显看到，焦径比一定时，当馈源偏置角增大，交叉极化分量

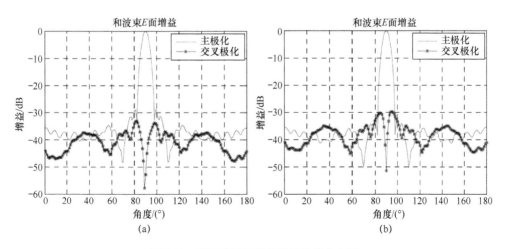

图 1.11　不同馈源偏置角时的天线方向图

（a）偏 5°；（b）偏 10°。

15

就会有明显增大，这是因为馈源偏置后，恶化了馈源 E 面和 H 面方向图的平衡性，使得交叉极化严重。另外，从图 1.11 还可看出，和波束的主极化方向图在中心方向具有最大增益，而交叉极化在中心方向有一个零点，具有与差波束方向图类似的结构。图 1.12 给出了馈源偏置角度为 10° 时，差波束的主极化和交叉极化方向图。可将出馈源偏置为 10° 时，不考虑天线罩的影响，和波束的交叉极化抑制比约为−30dB，差波束的交叉极化抑制比约为 20dB，在中心方向具有最大增益。根据图 1.11 和图 1.12 给出的方向图极化结构，以及单脉冲定向原理，单脉冲系统差信号与和信号的复包络比确定了角度误差信号，因此归一化后的主极化的单脉冲复比输出和交叉极化的单脉冲复比输出不仅数值不同，并且极性不同。增加天线罩后引入的交叉极化分量会更大，下面将给出天线罩以及天线扫描对极化特性的影响程度。

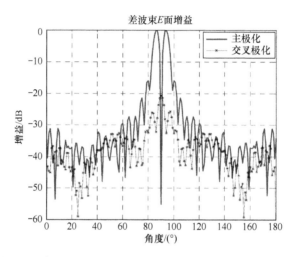

图 1.12　馈源偏置角 10° 时差波束的主极化和交叉极化方向图

1.3.4　加天线罩后的单脉冲雷达天线

为了确定去极化效应与介质材料特性的依赖关系，本节主要针对不同介电常数、损耗角正切以及不同厚度的极化特性进行仿真。设定焦径比都为 0.8，具有相同厚度和相同介电常数，对损耗角正切分别为 0.0005、0.03 与 0.3 时，加天线罩后单脉冲天线的极化特性进行了仿真，如图 1.13 所示可以看出，加天线罩后，交叉极化方向在中心方向的零点显著上升，交叉极化分量明显增大，相比于图 1.11（b）的交叉极化抑制比增加了约 10dB。从三种不同损耗角正切时的方向图看，随着损耗角正切的增大，交叉极化分量水平也随着变大，其中损耗角正切从 0.0005～0.03 变化越大，交叉极化分量变化越明显，另外，随着损耗角正切的增加，主瓣第一零点逐渐下降。

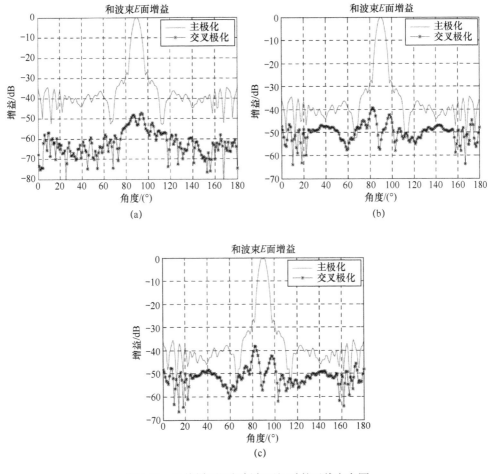

图 1.13 天线罩不同损耗角正切时的天线方向图

（a） $\tan\delta_j$ =0.0005；（b） $\tan\delta_j$ =0.03；（c） $\tan\delta_j$ =0.3。

1.3.5 加天线罩后指向角为 10° 的情形

为了确定加天线罩后去极化效应与天线扫描的依赖关系，图 1.14 仿真了加天线罩后指向角为 10° 时不同损耗角正切的单脉冲天线方向图。从图 1.14（a）、（b）、（c）可以看出，当天线指向偏移 10° 时，交叉极化抑制比明显降低，由原来-50dB上升到-30dB 以上的量级，最大时上升至-20dB。在相同的天线指向下，不同损耗角正切情况下极化变化的规律和指向角没有偏移时基本一致。

17

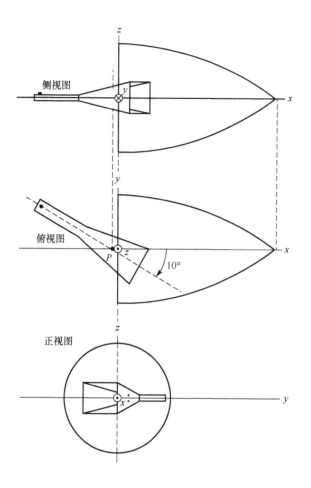

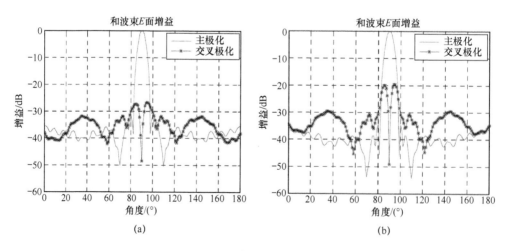

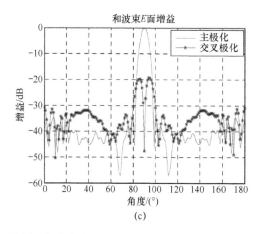

图 1.14　加天线罩后指向角为 10° 时不同损耗角正切的单脉冲天线方向图

（a）$\tan\delta_j=0.0005$；（b）$\tan\delta_j=0.03$；（c）$\tan\delta_j=0.3$。

1.3.6　天线罩不同介电常数和厚度的情形

为了确定天线罩不同介电常数对单脉冲天线极化特性的影响，进行了大量仿真，比较了不同介电常数和不同天线罩厚度的情形下极化特性的变化情况，统计结果的典型值见表 1.2。

采用图 1.14（b）中材料特性参数，只改变介电常数，图 1.15 给出了介电常数分别为 5 和 3 时的 E 面和波束的主极化、交叉极化方向图。图 1.16 给出了天线指向角为 10° 时不同介电常数的情况。

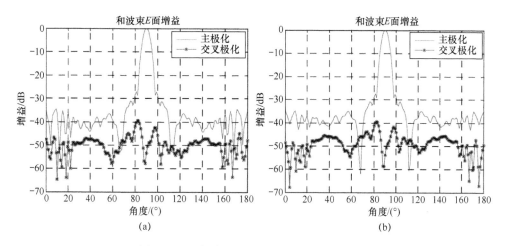

图 1.15　天线罩不同介电常数时的天线方向图

（a）$\varepsilon=5$；（b）$\varepsilon=3$。

19

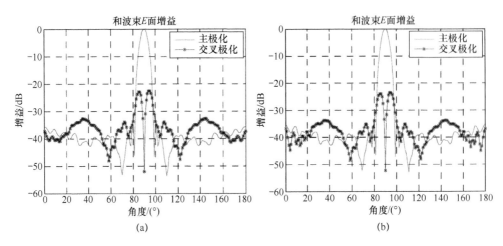

图 1.16　加罩后指向角 10° 时天线罩不同介电常数天线方向图

（a）$\varepsilon = 5$；（b）$\varepsilon = 3$。

从图 1.16 天线罩两种介电常数的归一化方向图中可以看出，尽管随着介电常数的变化，交叉极化主瓣没有明显变化，但是其旁瓣分量起伏比较明显，另外主瓣第一零点随着介电常数的降低而下降。指向角为 10° 时，与图 1.14 相比交叉极化抑制比明显增加了 10dB 以上。而图 1.16（a）和图 1.16（b）的其他变化规律和指向角为 0 时的情况一致。

下面仿真天线罩不同厚度对单脉冲天线极化特性的影响，为便于比较，采用图 1.13 中材料特性参数，只改变天线罩厚度，图 1.17 给出了天线罩厚度分别为 0.1cm 和 1cm 时的 E 面和波束的主极化、交叉极化方向图。图 1.18 给出了指向角为 10° 时不同厚度的情况。

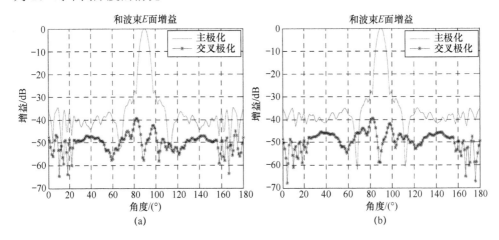

图 1.17　不同天线罩厚度时的天线方向图

（a）$d = 0.001$；（b）$d = 0.01$。

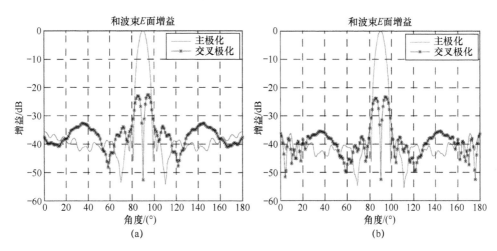

图 1.18 加罩后指向角为 10° 天线罩不同厚度时的单脉冲天线方向图

（a） $d = 0.001$ ；（b） $d = 0.01$

从图 1.18 天线罩不同厚度的归一化方向图中可以看出，随着厚度的增加，交叉极化分量有小幅下降，交叉极化副瓣起伏比较明显。主瓣第一零点也随着厚度的增加而降低。

表 1.2 不同材料特性的交叉极化抑制比

指向角	材料特性	1	2	3
	损耗角正切变化	−47dB	−39dB	−37dB
0°	介电常数变化	−39dB	−39dB	−39dB
	厚度变化	−39dB	−40dB	−40dB
	损耗角正切变化	−28dB	−20dB	−19dB
10°	介电常数变化	−20dB	−22dB	−23dB
	厚度变化	−22dB	−22dB	−23dB

可以看出，由于不同的材料特性，天线罩对入射波具有不均匀的插入相位延迟和传输系数，使得加罩后的天线方向图出现了结构变化，进而对极化特性产生了一定影响，但是和天线指向偏移的情况相比，天线材料的影响可以作为次要原因，在天线罩的作用下，天线扫描对单脉冲天线去极化特性产生的影响较大。

第2章　单脉冲雷达的交叉极化干扰机理

工程上，最常用的两种测角体制是单脉冲测角和相位干涉仪测角。单脉冲测角系统是利用成对波束接收目标信号的振幅或相位同时比较，得到目标偏离等信号轴的量值和方向有关的误差信号。单脉冲测角又分为比相单脉冲测角和比幅单脉冲测角。其中，比相单脉冲测角多用于馈源较分散的阵天线系统，同时对信号的相位差进行比较，得到角度误差值，而比幅单脉冲测角多用于馈源集中的面天线系统，同时对信号的幅度差进行比较，得到角度误差值。相位干涉仪测角系统是利用成对天线接收辐射源信号的相位差，得到目标偏离等信号轴的量值和方向有关的误差信号。

对于测角体制而言，天线波束方向与回波信号的极化有依赖关系，回波信号的极化失真主要来自雷达接收天线的交叉极化和目标的交叉极化散射，通过数学原理推导、实验现象观测、数据处理等方式，深入研究交叉极化干扰的干扰机理，并讨论交叉极化干扰产生对天线极化特性和幅相控制的要求。

2.1　目标极化调制引起的回波极化失真效应分析

电波的极化系由电场矢量的方向确定。大多数雷达的天线均采用线极化，其电场矢量或是垂直的，或是水平的。雷达采用线极化，一部分原因是从雷达系统结构上考虑，线极化比较容易实现，另一部分原因是和杂波改善有关系，不同的发射极化在不同的自然背景下引起的信杂比不同。

除了线极化外，圆极化波也获得一些应用。圆极化波的电场矢量在同电波传播方向相垂直的平面内，以信号的频率向右旋转或向左旋转。除了在能量关系上优越之外，当无线电波在穿过电离层或在气象干扰严重的情况下（如下雨、下雪、雷雨等）传播时，圆极化波还有其他的优点。但是，辐射信号时形成的极化通常并不能保持不变，它将根据雷达的工作条件发生一些变化。

无线电波的传播介质是产生极化失真的原因之一。如果无线电波在真空或等离子区（没有磁场的作用）内传播，它们的极化就会保持不变。

然而实际上，无线电波是在大气中传播的。由于大气中有各种各样的不均匀性（其中包括在地磁场作用下的等离子区），所以会使信号的极化发生各种不同的变化。例如，当工作频率较低时，线极化信号通过离化区时，极化面的倾角就会发生变化。同时，极化面的旋转方向在辐射和接收回波时都相同。因此，总的旋转角度为电磁波向同一方向传播时旋转角度的 2 倍。因为极化面的旋转角度变化不定，并且无法事先加以确定，所以线极化在从目标反射回雷达天线的时候，其极化方向就有可能与原来辐射的极化方向垂直。因此，无法接收回波信号和探测目标，或以很大的误差进行定向。在探测宇宙飞行目标的远程雷达中，为了避免出现这种情况（因为此时无线电波必定会穿过电离层的一部分），通常总是采用圆极化波。尽管有附加的极化旋转作用，但圆极化波能够基本上保持接近圆极化，所以能保证对目标进行稳定的跟踪。

但是，传播介质并不是唯一产生极化失真的原因，另一个更为重要的原因就是雷达目标本身的散射。在大多数的场合下，实际的目标都是一个很复杂的反射表面。当无线电波照射到目标表面时，就会感应出空间分布结构复杂的电流。由于相互干涉的结果，目标表面电流所产生的合成辐射场（回波信号）具有非常复杂的结构。当然，极化也就复杂了。此时，原来的恒定极化波就不再出现了，而是由所谓的部分极化波所代替。这时，除了有规律的极化分量外，还会出现一些有起伏的分量。由于起伏分量的不确定性，所以无法在庞加莱（Poincare）极化球面上找到它的图像。在这种情况下，无线电波的极化失真程度主要由目标的结构、参数及运动的动力学确定。因此，国际上有很多研究机构对目标的去极化性能进行了广泛研究，并设法利用目标的极化失真性能来分辨和识别目标。

跟踪低空目标时，由于仰角很小，所以地面或海面的反射会影响电波的极化失真。通常，电波的反射和折射系数在很大程度上都和极化有关。将入射场的极化分为两个分量（即与反射面平行的分量及与反射面垂直的分量）之后，就可以发现，反射波的极化会发生畸变，而在一般情况下，往往变为椭圆极化波，地面（海面）反射还可能会使雷达天线所接收到的回波信号的极化结构出现一些附加的畸变。

因此，在一般情况下，目标的反射波都会出现极化失真，即回波信号的极化同雷达原来辐射的极化不同。除了具有和雷达天线原有极化相同的分量外，还可能会出现一些同主极化（工作极化）有很大差别的无规则（杂乱）极化分量。

2.1.1　目标极化散射调制

雷达目标极化散射矩阵（S 矩阵）提供了全面的雷达目标信息，准确获取雷达目标的极化信息，并有效加以利用，可以显著提高雷达系统的目标检测、识别和抗干扰等能力。目标极化特性的获取是极化信息利用的基础和前提，可以通过目标的 S 矩阵完整描述。通常情况下：S 矩阵主对角线上的系数为共极化反射系数，称为主极化散射特性–共极化散射分量；次对角线元素为目标的交叉极化反射系数，描述了目标的交叉极化散射特性。

通常认为，目标回波中交叉极化散射强度弱于共极化散射，这种认识具有易于被忽视的重要前提，即当且仅当目标关于由天线和目标所确立的平面对称时，因两者之间相对位置的特殊性，才使得目标的交叉极化散射明显弱于共极化分量。但一般情况下，上述情况并不成立。

当前，雷达对抗研究领域存在一定的认识误区，认为目标的交叉极化散射特性明显弱于共极化散射特性，即目标极化散射矩阵的次对角元素和主对角元素相比要小 20dB 以上。但是，通过理论研究和大量的实际测量数据可以发现，这种认识和实际情况并不相符。本节将结合理论分析和实际测量数据，对当前的交叉极化散射特性进行分析和验证，在相当广泛的意义上证明目标的极化散射调制会引起回波的去极化效应，交叉极化散射并不弱于共极化散射，甚至更强。该结论对于修正当前对雷达目标极化特性的认识误区、进一步挖掘交叉极化信号对雷达的作用机理、开展极化域的精确电子干扰研究具有重要的指导意义。

1. 典型目标的极化散射特性

绝大部分目标在任意姿态角下对不同极化入射波的散射是不同的，且对于大部分目标而言，散射场的极化不同于入射场的极化，这种现象称为退极化或交叉极化。目标的极化特性指的就是目标对各种极化波的共极化和交叉极化作用。下面以矩形金属二面角反射器为例，分析其极化散射矩阵（S 矩阵）的理论值。由于 S 矩阵包含了目标的极化特性，与实际值的差别只是少乘了一个常数，这个常数就是各自后向散射截面积的平方根值。

矩形二面角反射器是将一块矩形金属平板对折成直角形成的，它能在方位面上很宽的角度范围内提供较强的共极化后向 RCS，也常用作 S 矩阵的定标体。对电小尺寸的二面角反射器，其 RCS 可用矩量法求解，对电大尺寸的二面角反射器，可用高频方法（如 PO、GTD 等）进行求解。

矩形二面角反射器的几何结构如图 2.1 所示，入射线限制在 xOy 平面内，如果入射电场垂直或平行于 xOy 面，那么，相应的极化称为垂直或平行极化。这里要计算 4 种散射机制的贡献：前两个是来自板 1 和板 2 的一次反射回波，第三个是离开板 1 到板 2，再到观察点的二次反射回波，第四个是离开板 2 到板 1，再到观察点的二次反射回波。根据经典电磁理论给出的计算结果，可得方位面内二面角反射器的后向 S 矩阵为

$$S_{\perp\perp} = -\frac{\mathrm{j}k}{2\pi}\left[V_1 + V_2 + \sin(a-\phi)V_3 + \sin(a+\phi)V_4\right] \tag{2.1}$$

$$S_{\perp/\!/} = S_{/\!/\perp} = 0 \tag{2.2}$$

$$S_{/\!//\!/} = -\frac{\mathrm{j}k}{2\pi}\left[V_1 + V_2 - \sin(a-\phi)V_3 - \sin(a+\phi)V_4\right] \tag{2.3}$$

式中：$a = \pi/4$；$k = 2\pi/\lambda$ 为自由空间波数，且

$$V_{1,2} = ba\sin(a \pm \phi)\mathrm{e}^{\mathrm{j}ka\cos(a\pm\phi)}\sin\left[ka\cos(a\pm\phi)\right]$$

$$V_{3,4} = -T_{3,4}b$$

$$T_3 = \begin{cases} a\cot(a-\phi) & -a < \phi < 0 \\ a & 0 < \phi < a \end{cases}$$

$$T_4 = \begin{cases} a & -a \leqslant \phi \leqslant 0 \\ a\cot(a+\phi) & 0 < \phi < a \end{cases}$$

$$\sin c(x) = \sin x / x$$

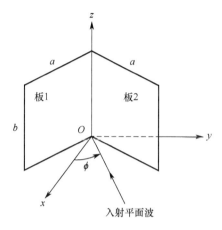

图 2.1　矩形二面角反射器的几何结构

当 $\phi = 0°$ 时，式（2.1）～式（2.3）变为

$$S_{\perp} = -\frac{\mathrm{j}k}{2\pi}ab\left[\mathrm{e}^{\mathrm{j}ka/\sqrt{2}}\sin(ka/\sqrt{2})+1\right] \tag{2.4}$$

$$S_{/\!/\!/\!/} = -\frac{\mathrm{j}k}{2\pi}ab\left[\mathrm{e}^{\mathrm{j}ka/\sqrt{2}}\sin(ka/\sqrt{2}-1)\right] \tag{2.5}$$

若 $ka \ll 1$，则式（2.4）简化为

$$S_{\perp} = -S_{/\!/\!/\!/} = \beta = \frac{\mathrm{j}\sqrt{2}ab}{\lambda} \tag{2.6}$$

因此，可得 $\phi = 0°$ 时二面角反射器的 $\boldsymbol{S}$ 矩阵为

$$\boldsymbol{S}_{\mathrm{d}} = \begin{bmatrix} S_{/\!/\!/\!/} & S_{/\!/\perp} \\ S_{\perp/\!/} & S_{\perp} \end{bmatrix} = \beta\begin{bmatrix} -1 & 0 \\ 0 & 1 \end{bmatrix} \tag{2.7}$$

这是众所周知的形式。式（2.7）表明，二面角反射器可用于散射矩阵的共极化分量的标定。另一方面，通过将二面角旋转 45°，它又可以用作散射矩阵交叉极化分量的标定，下面从 $\boldsymbol{S}$ 矩阵的形式说明这一点。

如图 2.2 所示，不失一般性，假定固定 x 轴，二面角的对折线在 yOz 平面内顺时针旋转 θ 角，其目的是导出二面角旋转 θ 后的散射矩阵。为此，定义一个新的坐标系 $y'Oz'$，此时二面角的折线应在 z' 坐标轴上。显然，在新坐标系中，式（2.7）依然是成立的，即

$$\boldsymbol{S}_\text{d}' = \begin{bmatrix} S_{y'y'} & S_{y'z'} \\ S_{z'y'} & S_{z'z'} \end{bmatrix} = \beta \begin{bmatrix} -1 & 0 \\ 0 & 1 \end{bmatrix} \tag{2.8}$$

根据新、旧坐标系的下列坐标矢量关系有：

$$\begin{bmatrix} \hat{y}' \\ \hat{z}' \end{bmatrix} = A \begin{bmatrix} \hat{y} \\ \hat{z} \end{bmatrix} = \begin{bmatrix} \cos\theta & -\sin\theta \\ \sin\theta & \cos\theta \end{bmatrix} \begin{bmatrix} \hat{y} \\ \hat{z} \end{bmatrix} \tag{2.9}$$

根据式（2.8），不难推出二面角旋转 θ 角后的散射矩阵为

$$\boldsymbol{S}_\text{d}^\theta = A^{-1} \boldsymbol{S}_\text{d}' A = \beta \begin{bmatrix} -\cos 2\theta & \sin 2\theta \\ \sin 2\theta & \cos 2\theta \end{bmatrix} \tag{2.10}$$

当 $\theta = 45^\circ$，式（2.10）变为

$$\boldsymbol{S}_\text{d}^\theta(\theta = 45^\circ) = \beta \begin{bmatrix} 0 & 1 \\ 1 & 0 \end{bmatrix} \tag{2.11}$$

此时，共极化散射的贡献为 0，而交叉极化散射最大，这就从理论计算的角度证明了目标的交叉极化散射较弱的认识是不全面的，下面将从极化基变换的角度更为广义地给出证明。

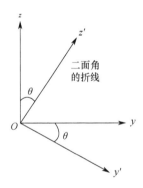

图 2.2　旋转 θ 角后的二面角反射器的坐标关系

2. 极化基变换前后的交叉极化特性

假设在原有极化基下，某目标 A 的 $\boldsymbol{S}$ 矩阵为 $\begin{bmatrix} s_\text{HH} & s_\text{HV} \\ s_\text{VH} & s_\text{VV} \end{bmatrix}$，新极化基与原有极化基相比旋转角为 θ，则新极化基 $[h'\ v']^\text{T}$ 与原有极化基 $[h\ v]^\text{T}$ 的关系为

$$\begin{bmatrix} h' \\ v' \end{bmatrix} = \begin{bmatrix} \cos\theta & -\sin\theta \\ \sin\theta & \cos\theta \end{bmatrix} \begin{bmatrix} h \\ v \end{bmatrix} \tag{2.12}$$

则在新极化基下的 $\boldsymbol{S}$ 矩阵为

$$\begin{bmatrix} \cos\theta & \sin\theta \\ -\sin\theta & \cos\theta \end{bmatrix} \begin{bmatrix} s_\text{HH} & s_\text{HV} \\ s_\text{VH} & s_\text{VV} \end{bmatrix} \begin{bmatrix} \cos\theta & -\sin\theta \\ \sin\theta & \cos\theta \end{bmatrix} \tag{2.13}$$

这样，当旋转角 θ 满足一定条件时，目标 $\boldsymbol{S}$ 矩阵的共极化和交叉极化大小关系会随 θ 的变化发生改变。

因此，当目标为二面角时，在（h,v）极化基下，入射角为 0 时，二面角 S 矩阵为 $\begin{bmatrix} -1 & 0 \\ 0 & 1 \end{bmatrix}$，在二面角旋转 45° 后，即相当于极化基旋转了 45°，二面角 S 矩阵为 $\begin{bmatrix} 0 & 1 \\ 1 & 0 \end{bmatrix}$，此时交叉极化明显强于共极化分量的散射。

3. 实际测量中的交叉极化特性

实际极化测量过程中，目标的姿态是任意旋转的，雷达的极化基也会因为雷达布置位置的不同而产生变化。通过统计意义分析可以发现，多数典型目标的交叉极化特性并不比共极化分量低。

假设目标的极化散射接近于二面角散射机理，则其 S 矩阵为 $\begin{bmatrix} -1 & 0 \\ 0 & 1 \end{bmatrix}$，由于目标姿态相对于雷达视线可发生旋转，且这一旋转角度通常无法控制，因此其旋转角 θ 可为任意值，因此雷达探测到的目标 S 矩阵为 $\begin{bmatrix} -\cos 2\theta & \sin 2\theta \\ \sin 2\theta & \cos 2\theta \end{bmatrix}$，这里的 θ 角取值由测量时目标姿态决定。如果目标的姿态不断发生起伏变化，那么 θ 角取值就会在 $[0,\pi]$ 范围内随机变化，假设这种分布为均匀分布，那么测量的 S 矩阵四个元素的幅度取值就会在 $[0,1]$ 范围内变化，其均值是相同的，也就是说，从平均意义上讲，交叉极化并不比共极化弱，而应当是强度相同。

2.1.2 天线交叉极化特性的影响

根据天线原理可知，在天线发射的电磁波中，除占优势的主极化分量外，还包含一些正交极化分量，称为交叉极化分量。主极化分量功率密度在全部功率密度中所占的比重称为天线的极化纯度。经过精心设计的天线，在中心频率和中心方位上的极化纯度是比较高的。但当方位偏离中心方位后，极化纯度下降，其变化量是关于空域角度的函数，将该性质定义为天线的"极化特性"。

考虑该特性后，极化雷达的（H,V）极化天线增益用 Jones 矢量表示为

$$\boldsymbol{J}_{\mathrm{H}} = \beta_{\mathrm{H}}(\theta,\varphi)\begin{bmatrix} 1 \\ \rho_{\mathrm{V}}(\theta,\varphi) \end{bmatrix} \quad \boldsymbol{J}_{\mathrm{V}} = \beta_{\mathrm{V}}(\theta,\varphi)\begin{bmatrix} 1 \\ \rho_{\mathrm{H}}(\theta,\varphi) \end{bmatrix} \tag{2.14}$$

式中：$\beta_{\mathrm{H}}(\theta,\varphi)$、$\beta_{\mathrm{V}}(\theta,\varphi)$ 为水平、垂直极化天线在方位角 φ、俯仰角 θ 上的复增益值；$\rho_{\mathrm{V}}(\theta,\varphi)$、$\rho_{\mathrm{H}}(\theta,\varphi)$ 为水平、垂直极化天线方向图在方位角 φ、俯仰角 θ 上的交叉极化分量与主极化分量的比值。

发射信号为

$$\boldsymbol{e}_{\mathrm{t}}(t) = \begin{bmatrix} \beta_{\mathrm{H}}(\theta,\varphi)e_{\mathrm{tH}}(t-\tau)\exp(\mathrm{j}\theta_{\mathrm{H}}) + \beta_{\mathrm{V}}(\theta,\varphi)\rho_{\mathrm{H}}(\theta,\varphi)e_{\mathrm{tV}}(t-\tau)\exp(\mathrm{j}\theta_{\mathrm{V}}) \\ \beta_{\mathrm{V}}(\theta,\varphi)\rho_{\mathrm{V}}(\theta,\varphi)e_{\mathrm{tH}}(t-\tau)\exp(\mathrm{j}\theta_{\mathrm{H}}) + \beta_{\mathrm{V}}(\theta,\varphi)e_{\mathrm{tV}}(t-\tau)\exp(\mathrm{j}\theta_{\mathrm{V}}) \end{bmatrix} \tag{2.15}$$

设目标所处的方位角为 θ_s，俯仰角为 η_0，目标的极化散射矩阵为 $\begin{bmatrix} s_{HH} & s_{HV} \\ s_{VH} & s_{VV} \end{bmatrix}$，

则该目标的后向散射为

$$
\begin{aligned}
\boldsymbol{e}_s &= \begin{bmatrix} e_{sH}(t) \\ e_{sV}(t) \end{bmatrix} = \begin{bmatrix} s_{HH} & s_{HV} \\ s_{VH} & s_{VV} \end{bmatrix} \delta(\tau_d, f_d) \boldsymbol{e}_t(t) \\
&= \begin{bmatrix} s_{HH} & s_{HV} \\ s_{VH} & s_{VV} \end{bmatrix} \begin{bmatrix} \beta_H(\theta,\varphi)\exp(j\theta_H) & \beta_V(\theta,\varphi)\rho_H(\theta,\varphi)\exp(j\theta_V) \\ \beta_H(\theta,\varphi)\rho_V(\theta,\varphi)\exp(j\theta_H) & \beta_V(\theta,\varphi)\exp(j\theta_V) \end{bmatrix}
\end{aligned} \quad (2.16)
$$

$$
\begin{bmatrix} e_{tH}(t-\tau_d)\exp(j2\pi f_{dH}(t-\tau_d)) \\ e_{tV}(t-\tau_d)\exp(j2\pi f_{dV}(t-\tau_d)) \end{bmatrix}
$$

忽略信号波形的影响，式（2.16）可以简化为

$$
\boldsymbol{e}_s = \begin{bmatrix} s_{HH} & s_{HV} \\ s_{VH} & s_{VV} \end{bmatrix} \boldsymbol{T} \begin{bmatrix} e_{tH} \\ e_{tV} \end{bmatrix} \quad (2.17)
$$

式中：矩阵 $\boldsymbol{T}$ 为极化天线发射误差矩阵。

$$
\boldsymbol{T} = \begin{bmatrix} T_{HH} & T_{HV} \\ T_{VH} & T_{VV} \end{bmatrix} = \begin{bmatrix} \beta_H(\theta,\varphi) & \beta_V(\theta,\varphi)\rho_H(\theta,\varphi) \\ \beta_H(\theta,\varphi)\rho_V(\theta,\varphi) & \beta_V(\theta,\varphi) \end{bmatrix} \quad (2.18)
$$

根据互易性原理，极化天线接收误差矩阵为

$$
\boldsymbol{R} = \begin{bmatrix} R_{HH} & R_{HV} \\ R_{VH} & R_{VV} \end{bmatrix} = \begin{bmatrix} \beta_H(\theta,\varphi) & \beta_H(\theta,\varphi)\rho_V(\theta,\varphi) \\ \beta_V(\theta,\varphi)\rho_H(\theta,\varphi) & \beta_V(\theta,\varphi) \end{bmatrix} \quad (2.19)
$$

因此，在天线交叉极化特性的作用下，最终得到的极化散射矩阵测量结果为极化天线发射误差矩阵、极化天线接收误差矩阵两个乘性误差矩阵作用后的结果：

$$
\hat{\boldsymbol{S}} = \boldsymbol{R} \begin{bmatrix} s_{HH} & s_{HV} \\ s_{VH} & s_{VV} \end{bmatrix} \boldsymbol{T} \quad (2.20)
$$

$$
\begin{aligned}
\hat{\boldsymbol{S}} &= \begin{bmatrix} R_{HH} & R_{HV} \\ R_{VH} & R_{VV} \end{bmatrix} \begin{bmatrix} s_{HH} & s_{HV} \\ s_{VH} & s_{VV} \end{bmatrix} \begin{bmatrix} T_{HH} & T_{HV} \\ T_{VH} & T_{VV} \end{bmatrix} \\
&= \begin{bmatrix} R_{HH}T_{HH}s_{HH} + R_{HV}T_{HH}s_{VH} + & R_{HH}T_{HV}s_{HH} + R_{HV}T_{HV}s_{VH} + \\ R_{HH}T_{VH}s_{HV} + R_{HV}T_{VH}s_{VV} & R_{HH}T_{VV}s_{HV} + R_{HV}T_{VV}s_{VV} \\ R_{VH}T_{HH}s_{HH} + R_{VV}T_{HH}s_{VH} + & R_{VH}s_{HH}T_{HV} + R_{VV}T_{HV}s_{VH} + \\ R_{VH}T_{VH}s_{HV} + R_{VV}T_{VH}s_{VV} & R_{VH}s_{HV}T_{VV} + R_{VV}s_{VV}T_{VV} \end{bmatrix}
\end{aligned} \quad (2.21)
$$

式（2.21）说明了目标极化散射矩阵测量值调制了天线极化特性、目标散射矩阵本身的真实值，这使得交叉极化散射在某种程度上得到了增强。换言之，当天线的中心方位没有对准目标，或者说由于目标运动、天线扫描等原因使得待测目标不在天线主瓣的中心位置上时，由于天线交叉极化增益的上升，目标的极化散射矩阵测量存在较大误差。与天线中心对准目标的情况相比，此时目标的交叉极化散射强度将显著上升，使得交叉极化散射的水平和共极化散射的水平相当或者

28

更强。这就从天线特性的角度证明了目标的交叉极化散射强度总是弱于共极化散射的认识是错误的。

2.2 目标交叉极化散射特性实测数据的分析

2.2.1 暗室测量数据

微波暗室中的目标特性测量系统主要设备包括窄脉冲信号源（发射机）、发射天线、接收天线、准直仪反射器、转动系统（转台）、超宽带放大器、数字取样示波器（接收机）以及主控计算机等，其连接方式如图 2.3 所示。

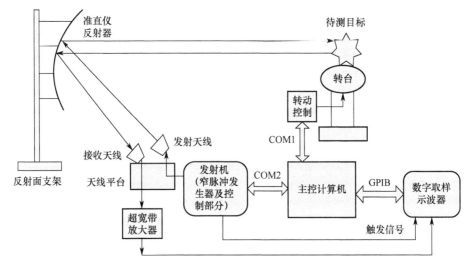

图 2.3　雷达目标特性测量系统连接示意图

暗室测量中目标和发射天线相对位置确定，使得目标关于包含从发射天线到目标射线的平面对称，测量系统和目标之间相对位置的特殊性使得目标的交叉极化散射很弱，这是由暗室测量条件决定的，也是比较容易实现的。然而，这是一种特殊的测量条件，不满足一般性，也不符合实际雷达对目标观测的情形。

对于常见的简单形体目标，其散射矩阵存在解析解或在一定的姿态下存在着近似解，表 2.1 给出了几类常见目标散射矩阵的理论值，从中可以看出对于常见的简单目标，目标的共极化分量和交叉极化分量的散射不仅取决于发射的极化基，还取决于目标的姿态角。在某种姿态角下，目标的交叉极化散射将明显大于共极化散射，例如旋转 45° 后的二面角。图 2.4 给出了若干典型目标的雷达散射截面积实测结果（RCS）在不同极化组态下随电磁波入射方向的对应关系。可以看出，发射天线到目标的射线位于目标的对称面上时，共极化散射要强于交叉极化散射，

29

而在其他多个姿态角度上，交叉极化散射要强于共极化散射，或是交叉极化散射和共极化散射强度相当。特别地，对于 45° 二面角而言，交叉极化分量与共极化散射相比始终占优。

表 2.1　几类常见目标散射矩阵的理论值

目　　标	水平垂直极化基下的散射矩阵
法线方向入射的圆盘、平板和球	$a\begin{bmatrix} -1 & 0 \\ 0 & -1 \end{bmatrix}$
二面角反射器（偶次反射）	$a\begin{bmatrix} 1 & 0 \\ 0 & -1 \end{bmatrix}$
三面角反射器（奇次反射）	$a\begin{bmatrix} -1 & 0 \\ 0 & -1 \end{bmatrix}$
二面角旋转 45°	$a\begin{bmatrix} 0 & 1 \\ 1 & 0 \end{bmatrix}$
细导线	$a\begin{bmatrix} \cos^2\psi & \frac{1}{2}\sin 2\psi \\ \frac{1}{2}\sin 2\psi & \sin^2\psi \end{bmatrix}$
二面角	$a\begin{bmatrix} \cos 2\psi & \sin 2\psi \\ \sin 2\psi & -\cos 2\psi \end{bmatrix}$
左螺旋线	$a\begin{bmatrix} 1 & j \\ j & -1 \end{bmatrix}$
右螺旋线	$a\begin{bmatrix} 1 & -j \\ -j & -1 \end{bmatrix}$
水平偶极子	$a\begin{bmatrix} -1 & 0 \\ 0 & 0 \end{bmatrix}$

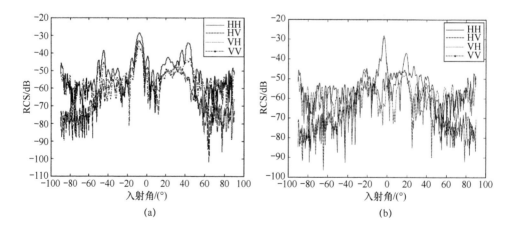

(a)　　　　　　　　　　　　(b)

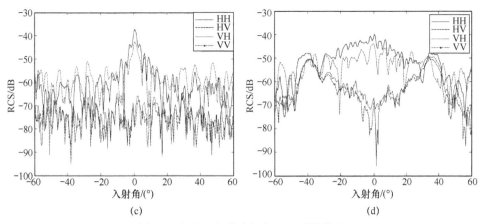

图 2.4 部分目标的全极化 RCS 实测结果

（a）22.5°横滚角的全极化 RCS；（b）45°横滚角二面角的全极化 RCS；（c）金属平板的全极化 RCS；

（d）三面角的全极化 RCS。

2.2.2 某极化雷达的测量数据分析

微波暗室的测量方法难以真实反映和再现雷达的工作环境，外场测量最接近雷达天线的实际工作状态，更能直观地反映天线收发波束和目标极化散射特性的对应关系，是研究和描述天线极化特性、目标极化特性最有效手段和途径。

利用国防科技大学自主研制的同时极化测量雷达实验系统采集目标特性数据，并进行处理和分析。该系统采用了收发天线分离和极化天线分离的设计方案，支持同时发射具有双频矢量脉冲、正负线性调频和相位编码等多种极化测量雷达波形，可同时接收正交极化电磁波、完成预选滤波、下变频、中频放大、模数转换、输出送至信号处理和信息处理子系统，其结构如图 2.5 所示。

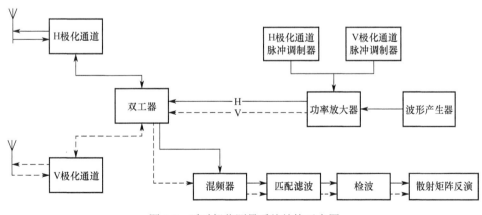

图 2.5 瞬时极化测量系统结构示意图

其中，雷达天线子系统用来发射和接收信号，采用了收发天线分离和极化天线分离的设计方案。发射机子系统采用了主振多级放大式设计方案，能够同时发射具有多种波形调制方式及脉冲频率的正交极化的电磁波。

信号处理分系统主要实现同时极化测量雷达实验系统的数据采集与预处理、数字 IQ 正交处理和极化滤波等功能，可根据主控模块指令控制 PCI 采集卡采集数据，并将读取的二进制数据变换为本实验系统可识别的数据格式。然后将每路接收信号进行数字下变频和数字 IQ 正交处理，对包含噪声压制干扰的信号进行极化滤波可提高信号的信噪比。最后将输出数据送给同时极化测量雷达数据处理分系统进行处理。

数据处理分系统在接收到信号处理分系统的输出信号后，完成数据处理任务，即极化散射矩阵（PSM）反演、有源单极化干扰信号模拟和有源假目标干扰的极化鉴别。重点是基于双频矢量脉冲、正负线性调频和相位编码等波形完成瞬时散射矩阵测量。

1. 双频矢量脉冲瞬时极化测量

现有的分时极化测量雷达通过交替发射 H、V 极化的脉冲信号对，并同时用两个极化通道对目标回波进行相参接收，反演出目标极化散射矩阵。该方法需要多个脉冲重复周期才能完成一次测量，历时较长，因此对非平稳目标（nonstationary target，即由于运动姿态变化而引起的散射特性随时间变化较快的目标），各脉冲回波测量之间相差一个无法精确补偿的相位，会产生一定的去相关效应。当目标回波时延大于脉冲重复周期时，水平极化脉冲的回波可能会落入垂直极化脉冲的信号采集区域内，造成距离模糊（range ambiguities），影响正常的极化测量精度，限制了分时极化测量系统的适用范围。

同时，极化测量体制的优势在于只需发射一次脉冲即可得到目标散射矩阵，该脉冲由两个调制信号相干叠加得到，每个调制信号对应一种发射极化。在接收时，利用信号调制的正交性分离出不同发射极化对应的矢量回波，经进一步处理后就可以获取目标完整的极化矩阵信息。

双频矢量脉冲瞬时极化测量雷达同时发射两路正交极化信号，且两路信号载频不同。这里假设发射水平、垂直极化信号，则其发射信号可表示为

$$
\boldsymbol{u}_t = \begin{bmatrix} \operatorname{rect}\left(\dfrac{t-t_0}{\tau}\right) \exp\left(\mathrm{j}2\pi f_\mathrm{H}\left(t-t_0\right)\right) \\ \operatorname{rect}\left(\dfrac{t-t_0}{\tau}\right) \exp\left(\mathrm{j}2\pi f_\mathrm{V}\left(t-t_0\right)\right) \end{bmatrix} \tag{2.22}
$$

式中：t_0 为脉冲发射时间；$\operatorname{rect}\left(\dfrac{t}{\tau}\right)$ 为起始于 0 时刻的脉宽为 τ 的方波脉冲；f_H 为水平极化通道发射信号载频；f_V 为垂直极化通道发射信号载频。

通常情况下，目标可视为点目标，目标极化散射矩阵在相干时间以及信号带宽内不发生起伏，则目标极化散射矩阵为

$$S_{\mathrm{M}} = \begin{bmatrix} s_{\mathrm{HH}} & s_{\mathrm{HV}} \\ s_{\mathrm{VH}} & s_{\mathrm{VV}} \end{bmatrix} \tag{2.23}$$

由于目标响应函数为

$$G(\tau_{\mathrm{d}}, f_{\mathrm{d}}) = S_{\mathrm{M}} \cdot \delta(\tau_{\mathrm{d}}, f_{\mathrm{d}}) \tag{2.24}$$

式中：τ_{d} 为目标回波时延；f_{d} 为目标回波多普勒频移。

则相应的雷达接收信号为

$$
\begin{aligned}
u_{\mathrm{r}} &= G(\tau_{\mathrm{d}}, F_{\mathrm{d}}) \cdot u_t \\
&= \begin{bmatrix}
s_{\mathrm{HH}}\mathrm{rect}\left(\dfrac{t - t_0 - \tau_{\mathrm{d}}}{\tau}\right)\exp\left(\mathrm{j}2\pi(f_{\mathrm{H}} + f_{\mathrm{dH}})(t - t_0 - \tau_{\mathrm{d}})\right) \\
+s_{\mathrm{HV}}\mathrm{rect}\left(\dfrac{t - t_0 - \tau_{\mathrm{d}}}{\tau}\right)\exp\left(\mathrm{j}2\pi(f_{\mathrm{V}} + f_{\mathrm{dV}})(t - t_0 - \tau_{\mathrm{d}})\right) \\
s_{\mathrm{VH}}\mathrm{rect}\left(\dfrac{t - t_0 - \tau_{\mathrm{d}}}{\tau}\right)\exp\left(\mathrm{j}2\pi(f_{\mathrm{H}} + f_{\mathrm{dH}})(t - t_0 - \tau_{\mathrm{d}})\right) \\
+s_{\mathrm{VV}}\mathrm{rect}\left(\dfrac{t - t_0 - \tau_{\mathrm{d}}}{\tau}\right)\exp\left(\mathrm{j}2\pi(f_{\mathrm{V}} + f_{\mathrm{dV}})(t - t_0 - \tau_{\mathrm{d}})\right)
\end{bmatrix}
\end{aligned} \tag{2.25}
$$

式中：f_{dH} 和 f_{dV} 分别为 H、V 通道发射信号对应的目标多普勒频移。

其后，雷达进行混频和匹配滤波，混频本振信号为 $q(t) = \mathrm{e}^{\mathrm{j}2\pi f_{\mathrm{H}}t + \mathrm{j}\phi}$，则混频后输出结果为

$$
\begin{aligned}
u_{\mathrm{m}} &= u_{\mathrm{r}} \cdot \left(q(t)\right)^* \\
&= \begin{bmatrix}
s_{\mathrm{HH}}\mathrm{rect}\left(\dfrac{t - t_0 - \tau_{\mathrm{d}}}{\tau}\right)\exp\left(\mathrm{j}2\pi f_{\mathrm{dH}}(t - t_0 - \tau_{\mathrm{d}}) - \mathrm{j}2\pi f_{\mathrm{H}}(t_0 + \tau_{\mathrm{d}}) - \mathrm{j}\phi\right) \\
+s_{\mathrm{HV}}\mathrm{rect}\left(\dfrac{t - t_0 - \tau_{\mathrm{d}}}{\tau}\right)\exp\left(\mathrm{j}2\pi(\Delta f + f_{\mathrm{dV}})(t - t_0 - \tau_{\mathrm{d}}) - \mathrm{j}2\pi f_{\mathrm{H}}(t_0 + \tau_{\mathrm{d}}) - \mathrm{j}\phi\right) \\
s_{\mathrm{VH}}\mathrm{rect}\left(\dfrac{t - t_0 - \tau_{\mathrm{d}}}{\tau}\right)\exp\left(\mathrm{j}2\pi f_{\mathrm{dH}}(t - t_0 - \tau_{\mathrm{d}}) - \mathrm{j}2\pi f_{\mathrm{H}}(t_0 + \tau_{\mathrm{d}}) - \mathrm{j}\phi\right) \\
+s_{\mathrm{VV}}\mathrm{rect}\left(\dfrac{t - t_0 - \tau_{\mathrm{d}}}{\tau}\right)\exp\left(\mathrm{j}2\pi(\Delta f + f_{\mathrm{dV}})(t - t_0 - \tau_{\mathrm{d}}) - \mathrm{j}2\pi f_{\mathrm{H}}(t_0 + \tau_{\mathrm{d}}) - \mathrm{j}\phi\right)
\end{bmatrix}
\end{aligned} \tag{2.26}
$$

两路混频输出信号分别通过水平、垂直极化发射信号相应的两路匹配滤波器，并得到四个输出信号，其两路匹配滤波信号为

$$
\begin{cases}
h_{\mathrm{H}}(t) = \left(\mathrm{rect}\left(\dfrac{\tau_{\mathrm{p}} - t}{\tau}\right)\right)^* \\
h_{\mathrm{V}}(t) = \left(\mathrm{rect}\left(\dfrac{\tau_{\mathrm{p}} - t}{\tau}\right)\exp\left(\mathrm{j}2\pi\Delta f(\tau_{\mathrm{p}} - t)\right)\right)^*
\end{cases} \tag{2.27}
$$

式中：上标 * 为共轭。

则根据式（2.28）：

$$R_{HH}(t) = \int_{-\infty}^{\infty} h(t-\lambda) W_{HH}(\lambda) \cdot d\lambda$$

$$= s_{HH} \int_{-\infty}^{\infty} \text{rect}\left(\frac{\lambda}{t}\right) \text{rect}\left(\frac{\lambda + \tau_p + t_0 + t_d - t}{t}\right) \exp(j2\pi f_d \lambda) d\lambda \exp(-j2\pi f_0 t_0 - j\phi) \tag{2.28}$$

可得其四路匹配滤波输出峰值为

$$\begin{cases} R_{HH} = s_{HH} \cdot A \exp\left(-j2\pi f_H(t_0 + \tau_d) - j\phi\right) + s_{HV} \cdot B \exp\left(-j2\pi f_H(t_0 + \tau_d) - j\phi\right) \\ R_{HV} = s_{HH} \cdot B' \exp\left(-j2\pi f_H(t_0 + \tau_d) - j\phi\right) + s_{HV} \cdot A' \exp\left(-j2\pi f_H(t_0 + \tau_d) - j\phi\right) \\ R_{VH} = s_{VH} \cdot A \exp\left(-j2\pi f_H(t_0 + \tau_d) - j\phi\right) + s_{VV} \cdot B \exp\left(-j2\pi f_H(t_0 + \tau_d) - j\phi\right) \\ R_{VV} = s_{VH} \cdot B' \exp\left(-j2\pi f_H(t_0 + \tau_d) - j\phi\right) + s_{VV} \cdot A' \exp\left(-j2\pi f_H(t_0 + \tau_d) - j\phi\right) \end{cases} \tag{2.29}$$

其中，

$$A = \int_{-\infty}^{\infty} \left| \text{rect}\left(\frac{t}{\tau}\right) \right|^2 \exp(j2\pi f_{dH} t) \cdot dt \tag{2.30}$$

$$A' = \int_{-\infty}^{\infty} \left| \text{rect}\left(\frac{t}{\tau}\right) \right|^2 \exp(j2\pi f_{dV} t) \cdot dt \tag{2.31}$$

$$B = \int_{-\infty}^{\infty} \left| \text{rect}\left(\frac{t}{\tau}\right) \right|^2 \exp(j2\pi (f_{dV} + \Delta f) t) \cdot dt \tag{2.32}$$

$$B' = \int_{-\infty}^{\infty} \left| \text{rect}\left(\frac{t}{\tau}\right) \right|^2 \exp(j2\pi (f_{dH} - \Delta f) t) \cdot dt \tag{2.33}$$

若两路发射信号载频相差较大，则 $B \approx 0$，$B' \approx 0$；并且在目标速度不大的情况下 $A \approx A'$，则目标极化散射矩阵反演公式为

$$\begin{cases} s_{HH} = \dfrac{R_{HH}}{A \exp\left(-j2\pi f_H(t_0 + \tau_d) - j\phi\right)} \\ s_{HV} = \dfrac{R_{HV}}{A \exp\left(-j2\pi f_H(t_0 + \tau_d) - j\phi\right)} \\ s_{VH} = \dfrac{R_{VH}}{A \exp\left(-j2\pi f_H(t_0 + \tau_d) - j\phi\right)} \\ s_{VV} = \dfrac{R_{VV}}{A \exp\left(-j2\pi f_H(t_0 + \tau_d) - j\phi\right)} \end{cases} \tag{2.34}$$

通常目标极化散射矩阵可利用 S_{HH} 归一化，则利用匹配滤波输出反演目标极化散射矩阵的算法为

$$\boldsymbol{SM} = \begin{bmatrix} 1 & R_{HV}/R_{HH} \\ R_{VH}/R_{HH} & R_{VV}/R_{HH} \end{bmatrix} \tag{2.35}$$

2. 正负线性调频瞬时极化测量

利用正负线性调频信号进行瞬时极化测量与利用双频矢量脉冲信号进行瞬时极化测量的方法基本相同，主要的差别在于发射和匹配滤波信号波形差异。当采用正负线性调频信号进行瞬时极化测量时，同时发射信号为

$$u_t = \begin{bmatrix} \mathrm{rect}\left(\dfrac{t-t_0}{\tau}\right)\exp\left(\mathrm{j}2\pi f_0\left(t-t_0\right)+\mathrm{j}\pi k\left(t-t_0\right)^2\right) \\ \mathrm{rect}\left(\dfrac{t-t_0}{\tau}\right)\exp\left(\mathrm{j}2\pi f_0\left(t-t_0\right)-\mathrm{j}\pi k\left(t-t_0\right)^2\right) \end{bmatrix} \tag{2.36}$$

式中：t_0 为脉冲发射时间；$\mathrm{rect}\left(\dfrac{t}{\tau}\right)$ 为起始于 0 时刻的脉宽为 τ 的方波脉冲；f_0 为发射信号载频；k 为调频斜率。

其后的信号处理流程与双频矢量脉冲瞬时极化测量基本相同。

3. 相位编码瞬时极化测量

利用相位编码信号进行瞬时极化测量与利用正负线性调频信号进行瞬时极化测量的方法基本相同，主要的差别在于发射和匹配滤波信号波形差异。当采用相位编码信号进行瞬时极化测量时，雷达发射波形为（为描述方便，不考虑幅度）

$$u_t = \begin{bmatrix} \mathrm{e}^{\mathrm{j}2\pi f_0 t}\displaystyle\sum_{m=1}^{M} s_{mH}\left(t\right) \\ \mathrm{e}^{\mathrm{j}2\pi f_0 t}\displaystyle\sum_{m=1}^{M} s_{mV}\left(t\right) \end{bmatrix} \tag{2.37}$$

式中：f_0 为载频；$\{s_{mH}(t), s_{mV}(t)\}$（$m=1,2,\cdots,M$）为 H、V 通道的编码波形，脉冲宽度为 τ_{p}，多采用伪随机序列组，如 m 序列，理论上要求它们之间相互正交，利用这种正交隔离性可分离出不同发射极化对应的散射回波。其后的信号处理流程与双频矢量脉冲瞬时极化测量基本相同。因为相位编码信号匹配滤波结果很难进行补偿，因此其选择合适的编码信号非常重要。

4. 实验结果

利用该系统对电视塔、桥、船只等多个目标进行了极化测量，研究了发射极化与目标极化散射特性的关系。图 2.6 所示为水平极化通道对水平极化回波的匹配滤波结果，图 2.7 所示为垂直极化通道对垂直极化回波的匹配滤波结果。可以看出，当雷达发射水平极化电磁波时，目标的交叉极化散射并不弱于共极化散射，匹配滤波输出的交叉极化回波电压明显高于共极化回波的电压分量。而当雷达发射垂直极化电磁波时，目标的共极化回波电压高于交叉极化散射回波，这是由电视塔的目标结构、材料和姿态所决定的。大量的数据处理和分析结果表明：目标的交叉极化分量并不弱，甚至在某些姿态取向上交叉极化散射分量将高于共极化散射，这和前面的理论分析结论是相吻合的。

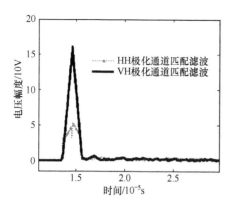

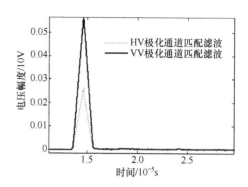

图 2.6 信号匹配滤波输出（水平极化通道）　　图 2.7 信号匹配滤波输出（垂直极化通道）

2.3 交叉极化角度欺骗干扰数学建模

回波信号的极化失真之所以会对定向精度产生影响，其主要原因就是雷达接收天线的交叉极化和目标的交叉极化散射。现代雷达中所使用的天线大部分都有交叉极化。因此，接收天线的方向图具有复杂的极化结构。于是，接收天线方向图的参数和所接收的电波极化有关。实际上，计算的方向图只在信号的极化和天线的主极化（工作极化）相同的情况下才能匹配，在其他的情况下，方向图会有畸变，而且回波信号的极化与雷达天线的工作极化的差别越大，方向图的畸变也越大。当信号的极化和天线的交叉极化相同时，方向图的畸变最大。此时，天线的方向图完全由天线的交叉极化辐射结构确定。本节主要分析交叉极化干扰对单脉冲测角系统的影响机理，设计了基于回波与干扰交叉极化分量的定向误差模型，在考虑极化估计偏差的基础上提出了改进模型，上述模型可以精确地描述各种干扰条件下引起的定向误差，与国外公开报道的结果基本一致。

2.3.1 回波交叉极化分量引起的定向误差模型

由第 2.2 节的分析可见，交叉极化方向图不论在形状上，还是在位置上都和主极化方向图不同，而且天线扫描角度、天线馈源特性、天线罩特性都会破坏天线的极化隔离度。所以，方向图的这种畸变不可避免地会影响雷达的定向精度。

对线极化天线来说，当接收到的电波极化同主极化不同时，其等强信号方向就会偏离天线的光学轴。而偏离的大小则取决于极化的差异程度及同所跟踪的信号源之间的误差角。即时定向天线的波束为圆形截面的，交叉极化也会引起波束的偏移。通常，在交替地接收由一对正交的偶极子辐射的信号时，方向图将分别偏向天线光学轴相反的两边。根据这一原理，可以得出以下的结论，如果将雷达的天线同时用来接收两种极化（正交的），则定向误差会加倍。

由于天线波束方向同回波信号的极化有依赖的关系，所以它对各种跟踪雷达

（包括单脉冲雷达在内）的跟踪精度都会产生影响。我们以振幅和差式单脉冲雷达为例，说明定向特性随回波信号的极化而变化的情况。假设接收天线系在一个平面内定向地切割抛物面天线。

众所周知，带有瞬时自动增益控制系统的振幅和差式单脉冲雷达的定向特性可由式（2.38）确定：

$$s(\theta) = \frac{\mathrm{Re}[u_\Sigma(t,\theta) \cdot u_\Delta^*(t,\theta)]}{u_\Sigma(t,\theta) \cdot u_\Sigma^*(t,\theta)} \tag{2.38}$$

式中：$u_\Sigma(t,\theta)$ 和 $u_\Delta(t,\theta)$ 分别为接收支路中和信号及差信号的复数式。

假设天线为线性天线，其口径内的场分布系由以下的函数确定：

$$\boldsymbol{\psi}_1(x) = \psi_{1x}(x)\boldsymbol{e}_x + \psi_{1y}(x)\boldsymbol{e}_y \text{，对第一支路而言} \tag{2.39}$$

$$\boldsymbol{\psi}_2(x) = \psi_{2x}(x)\boldsymbol{e}_x + \psi_{2y}(x)\boldsymbol{e}_y \text{，对第二支路而言} \tag{2.40}$$

式中：$\psi_{1x}(x)$、$\psi_{2x}(x)$ 为回波信号主极化分量激励场的函数；$\psi_{1y}(x)$、$\psi_{2y}(x)$ 为回波信号交叉极化分量激励场的函数；$\boldsymbol{e}_x$ 和 $\boldsymbol{e}_y$ 为单位矢量。

将函数 $\psi_{1x}(x)$ 和 $\psi_{2x}(x)$ 分别定义如下：

$$\begin{cases} \psi_{1x}(x) = \exp[i(kx\cos\alpha_0)]f_1(x) \\ \psi_{2x}(x) = \exp[i(-kx\cos\alpha_0)]f_2(x) \end{cases}, \quad -d \leq x \leq d \tag{2.41}$$

根据已给出的函数 $\psi_{1x}(x)$ 和 $\psi_{2x}(x)$，同时考虑到在天线口径主平面的两侧的交叉极化方向图的波束具有反相性，在这种情况下，可以将函数 $\psi_{1y}(x)$ 和 $\psi_{2y}(x)$ 写为

$$\begin{cases} \psi_{1y}(x) = a_\kappa \exp[i(kx\cos\alpha_0 + \varphi_1)]f_1(x) \\ \psi_{2y}(x) = a_\kappa \exp[i(-kx\cos\alpha_0 + \varphi_1)]f_1(x) \end{cases}, \quad -d \leq x \leq 0 \tag{2.42}$$

$$\begin{cases} \psi_{1y}(x) = a_\kappa \exp[i(kx\cos\alpha_0 + \varphi_1 + \pi)]f_1(x) \\ \psi_{2y}(x) = a_\kappa \exp[i(-kx\cos\alpha_0 + \varphi_1 + \pi)]f_1(x) \end{cases}, \quad 0 \leq x \leq d \tag{2.43}$$

式中：$2d$ 为天线口径尺寸；α_0 为方向图对等强信号方向的不对称性的张角；a_κ 为回波信号的交叉极化分量激励场的相对振幅值；φ_1 为在天线口径内，主极化和交叉极化分量的激励场的相移。

为了简化分析，假设天线上场的振幅分布为均匀的，并且：

$$f_1(x) = f_2(x) = \frac{1}{2d} \tag{2.44}$$

假设回波信号系由式（2.45）确定：

$$\boldsymbol{E} = \boldsymbol{E}_x\boldsymbol{e}_x + \boldsymbol{E}_y\boldsymbol{e}_y \tag{2.45}$$

式中：$\boldsymbol{E}_x = E_0\exp[ik(x\cos\alpha + y\cos\beta + z\cos\gamma)]$ 为天线主极化相同的信号极化分量；$\boldsymbol{E}_y = bE_0\exp[ik(x\cos\alpha + y\cos\beta + z\cos\gamma) + \varphi_2]$ 为同天线主极化正交的信号极

化分量，E_0 为入射场的振幅，b 为入射场在两个正交的极化分量上的振幅比，φ_2 为入射场两个正交分量之间的相移，$\cos\alpha$、$\cos\beta$、$\cos\gamma$ 为球坐标系的方向余弦。

在一个平面内定向时，$y = z = 0$，而且：

$$\boldsymbol{E}_x = E_0 \exp[\mathrm{i}kx\cos\alpha] \tag{2.46}$$

$$\boldsymbol{E}_y = bE_0 \exp[\mathrm{i}(kx\cos\alpha + \varphi_2)] \tag{2.47}$$

根据给出的条件确定第一天线支路输出端的信号：

$$
\begin{aligned}
u_1(\theta) &= \int_S \psi_1(x)E\mathrm{d}x \\
&= \int_S \left[\psi_{1x}(x)E_x + \psi_{1y}(x)E_y\right]\mathrm{d}x \\
&= \frac{E_0}{L}\left\{\int_{-d}^{d} \exp\mathrm{i}kx(\cos\alpha + \cos\alpha_0)\mathrm{d}x \right. \\
&\quad \left. + a_k b\exp\mathrm{i}\psi\left[\int_{-d}^{0} \exp\mathrm{i}kx(\cos\alpha + \cos\alpha_0)\mathrm{d}x - \int_{0}^{d} \exp\mathrm{i}kx(\cos\alpha + \cos\alpha_0)\mathrm{d}x\right]\right\}
\end{aligned}
\tag{2.48}
$$

$$
\begin{aligned}
u_2(\theta) &= \int_S \psi_2(x)E\mathrm{d}x \\
&= \int_S \left[\psi_{2x}(x)E_x + \psi_{2y}(x)E_y\right]\mathrm{d}x \\
&= \frac{E_0}{L}\left\{\int_{-d}^{d} \exp\mathrm{i}kx(\cos\alpha + \cos\alpha_0)\mathrm{d}x \right. \\
&\quad \left. + a_k b\exp\mathrm{i}\psi\left[\int_{-d}^{0} \exp\mathrm{i}kx(\cos\alpha - \cos\alpha_0)\mathrm{d}x - \int_{0}^{d} \exp\mathrm{i}kx(\cos\alpha - \cos\alpha_0)\mathrm{d}x\right]\right\}
\end{aligned}
\tag{2.49}
$$

积分后，便得

$$u_1(\theta) = 2E_0\left[\frac{\sin m}{m} + 2a_k b\exp\mathrm{i}\psi\frac{\sin^2\frac{m}{2}}{\mathrm{i}m}\right] = 2E_0\left[\frac{\sin m}{m} - 2a_k b\exp\mathrm{i}\psi\frac{\sin^2\frac{m}{2}}{m}\right] \tag{2.50}$$

$$u_2(\theta) = 2E_0\left[\frac{\sin n}{n} - 2a_k b\exp\mathrm{i}\psi\frac{\sin^2\frac{n}{2}}{\mathrm{i}n}\right] = 2E_0\left[\frac{\sin n}{n} - 2a_k b\exp\mathrm{i}\psi\frac{\sin^2\frac{n}{2}}{n}\right] \tag{2.51}$$

式中：$m = kd(\cos\alpha - \cos\alpha_0)$；$n = kd(\cos\alpha + \cos\alpha_0)$；$\psi = \varphi_1 + \varphi_2$。

由此可得

$$u_\Sigma(\theta) = u_1(\theta) + u_2(\theta) = 2E_0\left[\frac{\sin m}{m} + \frac{\sin n}{n} - \mathrm{i}2a_k b\exp\mathrm{i}\psi\left(\frac{\sin^2\frac{m}{2}}{m} + \frac{\sin^2\frac{n}{2}}{n}\right)\right] \tag{2.52}$$

$$u_\Delta(\theta) = u_1(\theta) - u_2(\theta) = 2E_0 \left[\frac{\sin m}{m} - \frac{\sin n}{n} - \mathrm{i}2a_k b \exp \mathrm{i}\psi \left(\frac{\sin^2 \frac{m}{2}}{m} - \frac{\sin^2 \frac{n}{2}}{n} \right) \right] \quad （2.53）$$

计算出定向特性的分子式及分母式则分别为

$$\mathrm{Re}[u_\Sigma(t,\theta) \cdot u_\Delta{}^*(t,\theta)] = 4E_0^2 \left[\begin{array}{l} \left(\dfrac{\sin^2 m}{m^2} - \dfrac{\sin^2 n}{n^2} \right) \\[3mm] +4a_k b \left(\dfrac{\sin^2 \frac{m}{2}}{m} \dfrac{\sin m}{m} - \dfrac{\sin^2 \frac{n}{2}}{n} \dfrac{\sin n}{n} \right) \sin\psi \\[3mm] +4a_k^2 b^2 \left(\dfrac{\sin^4 \frac{m}{2}}{m^2} - \dfrac{\sin^4 \frac{n}{2}}{n^2} \right) \end{array} \right] \quad （2.54）$$

$$u_\Sigma(t,\theta) \cdot u_\Delta{}^*(t,\theta) = 4E_0^2 \left[\begin{array}{l} \left(\dfrac{\sin m}{m} + \dfrac{\sin n}{n} \right)^2 \\[3mm] +4a_k b \left(\dfrac{\sin m}{m} + \dfrac{\sin n}{n} \right) \left(\dfrac{\sin^2 \frac{m}{2}}{m} + \dfrac{\sin^2 \frac{n}{2}}{n} \right) \sin\psi \\[3mm] +4a_k^2 b^2 \left(\dfrac{\sin^2 \frac{m}{2}}{m^2} + \dfrac{\sin^2 \frac{n}{2}}{n^2} \right) \end{array} \right] \quad （2.55）$$

因为

$$\begin{cases} \cos\alpha = \cos\vartheta \sin\theta \\ \cos\alpha_0 = \cos\vartheta \sin\theta_0 \end{cases}$$

所以在一个平面内跟踪时，由于 $\vartheta = 0$，故 $\cos\alpha = \sin\theta$，$\cos\alpha_0 = \sin\theta_0$。

通常取 $\theta_0 = \dfrac{\theta_{0.5}}{2}$，而且 $\theta_{0.5} = \dfrac{A\lambda}{2d}$，系数 A 的大小则取决于天线的类型。对于抛物面天线，$A \approx 0.8$。

因此，m 和 n 为

$$m = \frac{0.8\pi}{\theta_{0.5}} \left(\sin\theta - \sin\theta_0 \right) \tag{2.56}$$

$$n = \frac{0.8\pi}{\theta_{0.5}} \left(\sin\theta + \sin\theta_0 \right) \tag{2.57}$$

将式（2.54）除以式（2.55），可以求出这种单脉冲雷达的定向特性同回波信号极化、接收天线的极化特性之间的关系式。通过对该式进行数值计算仿真可知，$a_k b$ 值的增加会使定向特性曲线发生变化。即特性曲线的零位会偏移，斜率和曲线形状也会发生改变。当 $a_k b$ 值增加时，定向特性曲线的零位偏移会增加，并在 $a_k b \to \infty$ 时达到极限值。从 $a_k b = 0.5$ 开始，定向特性曲线就出现了明显的不对称。在出现零位偏移的那一边，特性曲线的振幅也会急剧下跌。

在对单个信号源定向时，$a_k b$ 的物理意义就是接收天线输出端的交叉极化信号与主极化信号的振幅比值，如图 2.8 所示。因此，在 $a_k < 1$ 时，$a_k b \to \infty$，相当于回波信号只能通过交叉极化的天线，而且具有线极化，该线极化相对接收天线的工作极化正好旋转了 90°。

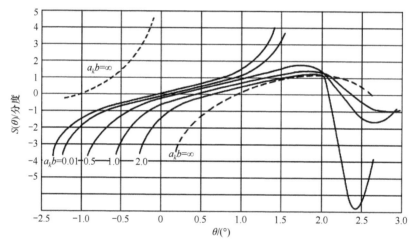

图 2.8　计算定向特性同 $a_k b$ 值的关系（在 $\theta_{0.5} = 1°$ 时）

曾有报道的实验发现了回波信号极化失真的事实以及由接收天线的交叉极化引起的附加定向误差。例如，俄罗斯的一篇文章介绍了振幅和差式单脉冲雷达的主极化和交叉极化方向图的测量结果。可以看出，在接收信号的极化和雷达接收天线的交叉极化相同时，单脉冲雷达的多波束方向图就会产生变形，结果，使等强信号方向相对于正常位置形成了 2° 的偏移，这相当于波束宽度的 0.51 倍。第 2.3.2 节和 2.3.3 节会通过数学推导与仿真实验验证该结论。图 2.9 给出了等信号方向的偏移同 $a_k b$ 值的计算关系。

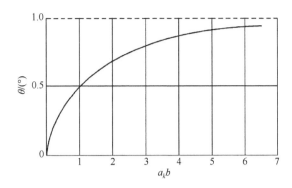

图 2.9　等强信号方向的偏移同 $a_k b$ 值的计算关系

图 2.10（b）给出的是差波瓣的交叉极化方向图。可以看到对于差波瓣而言，主极化的等信号方向（即 2 个主瓣位置）和交叉极化的等信号方向（即中心方向）偏差就是干扰引起的定向误差，大小相当于波束宽度的 1/2。

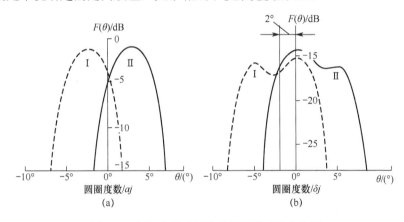

图 2.10　振幅和差式单脉冲雷达的天线方向图

当接收支路的幅-相特性有不一致性，并且存在起始跟踪误差时，天线的交叉极化对于定向精度的影响就会进一步增强。交叉极化干扰会影响差方向图的零值深度和它的旁瓣电平。在实际条件下，根据 2.1 节的分析，回波信号总是具有部分极化的结构。因此，方向图的变形就具有随机的性质。因此，最终的效应系由极化变化的频谱密度和雷达跟踪系统的带宽决定。在这样的条件下，可以预计到定向灵敏度会降低，雷达的均方根误差也将增加。

2.3.2　基于回波与干扰交叉极化分量的定向误差模型

天线除辐射预定极化的电磁波以外还辐射非期望极化的电磁波，前者称为主极化，后者称为交叉极化（也称寄生极化），二者在空间上是正交的。交叉极化角欺骗干扰就是利用雷达天线主极化和交叉极化接收矢量之间的不一致性，发射与雷达工作频率相同、与主极化正交的电磁波照射雷达，从而达到角度欺骗干扰的目的。由于交叉极化干扰只需在一个点就可实施，所以很适宜用来保护单个目标，以下分析均假定干扰机和被保护目标处于同一空间位置。交叉极化角欺骗干扰的实施过程如图 2.11 所示。极化侦察是指对雷达工作频率、极化方式等的侦察和测量；极化参数估计是指根据极化侦察的结果，通过一定的方法和准则，对雷达工作频率、极化方式等参数进行估计；发射干扰是指通过调节干扰机的正交极化双通道的幅度和相位，使干扰机发射极化矢量与估计的雷达主极化矢量正交的同频电磁波去照射雷达。值得指出的是，由于干扰机的运动或雷达视线的调整，雷达视线与干扰机相对角度可能发生变化，进而带来干扰机处雷达极化的变化。

图 2.11　交叉极化干扰实施过程

1. 信号回波极化模型

根据雷达极化理论可知，电磁波在接收天线上感应的开路电压可用式（2.58）表示：

$$V = \boldsymbol{h}^{\mathrm{T}} \boldsymbol{E}_i \tag{2.58}$$

式中：$\boldsymbol{E}_i$ 为回波的电场矢量；$\boldsymbol{h}$ 为天线在该方向上的有效接收矢量。

考虑到雷达天线的交叉极化特性，这里把 $\boldsymbol{h}$ 分解为主极化和交叉极化两个相互正交的分量，记为

$$\boldsymbol{h} = \left[m(\theta,\phi) \ c(\theta,\phi) \mathrm{e}^{\mathrm{j}\psi} \right]^{\mathrm{T}} \tag{2.59}$$

式中：θ、ϕ 分别为方位角和俯仰角；$m(\theta,\phi)$、$c(\theta,\phi)$ 分别对应天线主极化和交叉极化的幅度方向图；ψ 为交叉极化接收矢量与主极化接收矢量的相对相位差。

为方便讨论，以下只考虑一个方位，记波束 1 和波束 2 的主极化幅度方向图为 $m_1(\theta)$、$m_2(\theta)$，交叉极化幅度方向图分别为 $c_1(\theta)$ 和 $c_2(\theta)$，θ 为目标/干扰机偏离雷达瞄准轴线的真实方位角度。相应地，回波电场也分解成两个正交的部分，即

$$\boldsymbol{E} = \left[s_m(t) \ s_c(t) \right]^{\mathrm{T}} \tag{2.60}$$

式中：$s_m(t)$、$s_c(t)$ 为回波电场的主极化分量和交叉极化分量，则

$$V(t) = \left[m(\theta) \ c(\theta) \mathrm{e}^{\mathrm{j}\psi} \right] \begin{bmatrix} s_m(t) \\ s_c(t) \end{bmatrix} = m(\theta) s_m(t) + c(\theta) s_c(t) \mathrm{e}^{\mathrm{j}\psi} \tag{2.61}$$

针对旋转抛物面式单脉冲雷达天线而言，其交叉极化产生的原因可分为两部分，一是由馈源所引起的，二是由反射面所引起的。根据 D.C. 施莱赫给出的旋转抛物面天线的交叉极化特性，只考虑一个方向、两个波束的情况。图 2.12 分别给出了波束 1 和波束 2 的极化方向图，其中实线为主极化，虚线为交叉极化。

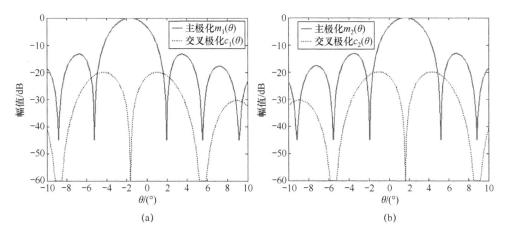

图 2.12　单脉冲雷达天线的极化方向图

（a）波束 1 的极化方向图；（b）波束 2 的极化方向图。

通常在无干扰的情况下，雷达天线的交叉极化接收分量比主极化接收分量的幅值低 20～40dB，式（2.61）可简化为

$$V(t) \approx m(\theta)s_m(t) \tag{2.62}$$

为简便起见，只考虑一个方位，假定已把测角用的四个天线在该方向上等效为两个，对于幅度和差单脉冲测角体制雷达而言，根据角度鉴别公式，得雷达测得的目标角度 θ_1 为

$$\theta_1 = k_m \frac{Re\left(\Delta\Sigma^*\right)}{\Sigma\Sigma^*} = k_m \frac{Re\left\{\left[m_1(\theta)s_m(t) - m_2(\theta)s_m(t)\right]\left[m_1(\theta)s_m(t) + m_2(\theta)s_m(t)\right]^*\right\}}{\left[m_1(\theta)s_m(t) + m_2(\theta)s_m(t)\right]\left[m_1(\theta)s_m(t) + m_2(\theta)s_m(t)\right]^*}$$

$$= k_m \frac{m_1(\theta) - m_2(\theta)}{m_1(\theta) + m_2(\theta)} \tag{2.63}$$

式中："*"为共轭；k_m 为雷达角度鉴别曲线斜率。

图 2.13 所示为无干扰情况下的雷达角度鉴别曲线示意图，可以看出，在主瓣（雷达线性）以内，目标角度真实值与雷达测量值吻合得很好。

当交叉极化干扰存在时，由于 $s_c(t)$ 往往比 $s_m(t)$ 大很多，这样交叉极化接收的分量就不可忽略。不妨设：

$$s_c(t) = k e^{j\alpha} s_m(t) \tag{2.64}$$

式中：k 为干扰与回波信号幅度比；α 为干扰信号对目标回波信号的相位差。则交叉极化干扰的存在，使得雷达实际测出的角度 θ_2 为

$$\theta_2 = k_m \frac{Re\left\{\Delta\Sigma^*\right\}}{\Sigma\Sigma^*} = k_m \frac{A + B\cos(\alpha + \psi)}{C + D\cos(\alpha + \psi)} \tag{2.65}$$

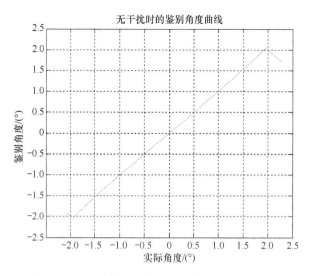

图 2.13　无干扰情况下的雷达角度鉴别曲线示意图

其中

$$
\begin{cases}
A = m_1^2(\theta) - m_2^2(\theta) + k^2\left[c_1^2(\theta) - c_2^2(\theta)\right] \\
B = 2k\left[m_1(\theta)c_1(\theta) - m_2(\theta)c_2(\theta)\right] \\
C = \left[m_1(\theta) + m_2(\theta)\right]^2 + k^2\left[c_1(\theta) + c_2(\theta)\right]^2 \\
D = 2k\left[m_1(\theta) + m_2(\theta)\right]\left[c_1(\theta) + c_2(\theta)\right]
\end{cases}
\tag{2.66}
$$

显然，当 $k \to 0$ 时，式（2.65）即退化为式（2.63）。当 $k \to +\infty$ 时，式（2.65）简化为

$$
\theta_3 = k_m \frac{c_1(\theta) - c_2(\theta)}{c_1(\theta) + c_2(\theta)}
\tag{2.67}
$$

即此时天线测出的角度完全由交叉极化幅度方向图决定。图 2.14 所示为这种极限情况与无干扰情况的对比示意图。从图 2.14 中可看出，在这种极限的情况下，角度鉴别曲线已出现了翻转。此时由于天线的主极化幅度响应和交叉极化幅度响应的不同，显然能造成角度欺骗干扰效果。这也是交叉极化干扰的出发点和理论根据。然而，实际上发射如此大的干扰功率是不经济的，有时因为发射功率的限制甚至是不可能的。由于交叉极化角欺骗干扰的实质就使得雷达实际工作的角度鉴别曲线发生畸变。只要使式（2.49）和式（2.47）差异变大，即达到了好的欺骗效果。

2. 交叉极化信号引起的测角偏差分析

1）相位可控的情况

显然，有效欺骗角度可以定义为目标真实角度与有干扰时雷达实际测得的角度之差，即

$$\begin{matrix} \text{第一项} & \text{第二项} \end{matrix}$$

$$\tilde{\theta} = |\theta - \theta_2| \approx |\theta_1 - \theta_2| = \left| k_m \left(\frac{m_1(\theta) - m_2(\theta)}{m_1(\theta) + m_2(\theta)} - \frac{A + B\cos(\alpha + \psi)}{C + D\cos(\alpha + \psi)} \right) \right| \quad (2.68)$$

式中：$|\cdot|$ 为绝对值。易知，$\tilde{\theta}$ 不仅仅是干扰信号比 k 的函数，而且还与干扰处天线的极化状态（$m_1(\theta), c_1(\theta), m_2(\theta), c_2(\theta), \psi$）以及干扰信号相位差 α 有关。下面分析在 θ 固定的情况下，如何选取 k 和 α，使得 $\tilde{\theta}$ 达到最大，显然这是一个二元函数优化问题，即

$$\begin{cases} \max\limits_{(k,\alpha)} \tilde{\theta} \\ \alpha \in [0\ 2\pi] \\ k > 0 \end{cases} \quad (2.69)$$

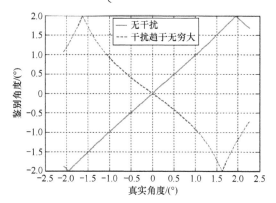

图 2.14　$k \to +\infty$ 情况下和无干扰情况下的雷达角度鉴别曲线比较示意图

当 k 较小时，可近似认为

$$\theta_1 = k_m \frac{m_1(\theta) - m_2(\theta)}{m_1(\theta) + m_2(\theta)} \approx k_m \frac{m_1^2(\theta) - m_2^2(\theta) + k^2 \left[c_1^2(\theta) + c_2^2(\theta) \right]^2}{\left[m_1(\theta) + m_2(\theta) \right]^2 + k^2 \left[c_1(\theta) + c_2(\theta) \right]^2} = k_m \frac{A}{C} \quad (2.70)$$

将式（2.70）和式（2.66）代入式（2.68）中，得

$$\tilde{\theta} = \left| k_m \frac{A + B\cos(\alpha + \psi)}{C + D\cos(\alpha + \psi)} - k_m \frac{A}{C} \right| = \left| k_m (BC - AD) \right| \cdot \left| \frac{\cos(\alpha + \psi)}{C^2 + CD\cos(\alpha + \psi)} \right| \quad (2.71)$$

对于固定的 θ 和干扰信号比 k，式（2.68）的第一项为常数；又因为 $C \geq D$，第二项的分母恒大于零，显然，当 $\alpha + \psi = 180°$ 时达到最小值，而此时分子达到最大值。即对于固定的 θ 和干扰信号比 k，式（2.70）达到最优的条件是 $\alpha + \psi = 180°$。此时将二元转化为一元的最优问题。

$$\tilde{\theta} = \left| k_m \frac{A - B}{C - D} - k_m \frac{A}{C} \right| = \left| \frac{k_m (BC - AD)}{C^2 - CD} \right| \quad (2.72)$$

值得指出的是，以上得出的最优干扰信号相位差条件 $\alpha + \psi = 180°$ 是在 k 较小的条件

45

下给出的。但实际上对于绝大多数 k 值，上述条件都是适用的。这是因为从式（2.54）可以看出，$\alpha + \psi = 180°$ 时，对应着式（2.72）的分母较小，即此时雷达接收到的和信号较小。表明此时很可能雷达已经认为没有目标，从而无法完成测角。但从干扰的角度来看，它使得目标不被发现，正好达到了干扰的目的。图2.15给出了在真实角度 $\theta = 2°$ 时的，有效欺骗角度随 k 和 $\alpha + \psi$ 的变换关系图。图中明显存在一个隆起，此时正好对应着最优的 k 和 $\alpha + \psi$。在偏离了最优的 k 和 $\alpha + \psi$ 时，k 值越大，欺骗效果越好，但趋向于一个极限，显然此极限为

$$\lim_{k \to \infty} \tilde{\theta} = |\theta_1 - \theta_3| = \left| k_m \left[\frac{m_1(\theta) - m_2(\theta)}{m_1(\theta) + m_2(\theta)} - \frac{c_1(\theta) - c_2(\theta)}{c_1(\theta) + c_2(\theta)} \right] \right| \tag{2.73}$$

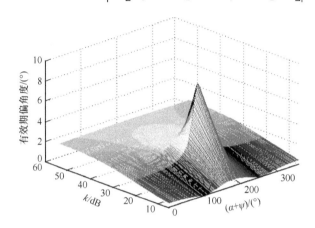

图 2.15 有效欺骗角度随 k 和 $\alpha + \psi$ 的变换关系图（见彩图）

2）相位不可控的情况

通常情况下，精确地控制干扰的相位往往是难以实现的，这时应将 α 视为随机变量。不妨设在某一区间内满足均匀分布，即 $\alpha \sim U[\phi_1, \phi_2]$，故实际测量值可认为是一个随机变量。其均值为

$$E(\theta_2) = \int_{\phi_1}^{\phi_2} \theta_2 f(\alpha) \mathrm{d}\alpha \tag{2.74}$$

特别是在相位完全不可控制的情况下可认为，α 满足 $0 \sim 2\pi$ 之间均匀分布，即 $\alpha \sim U[0, 2\pi]$，此时有

$$E(\theta_2) = \frac{1}{2\pi} \int_0^{2\pi} \frac{A + B\cos(\alpha + \psi)}{C + D\cos(\alpha + \psi)} \mathrm{d}\alpha \tag{2.75}$$

显然，$C \geqslant D$，特别地，$m_1(\theta) + m_2(\theta) \neq k[c_1(\theta) + c_2(\theta)]$ 时，由积分公式 $\int_0^{2\pi} \frac{1}{a + \cos x} \mathrm{d}x = \frac{2\pi}{\sqrt{a^2 - 1}}$ $(a > 1)$ 可知：

$$E(\theta_2) = \frac{1}{2\pi} \int_0^{2\pi} \frac{A + B\cos(\alpha + \psi)}{C + D\cos(\alpha + \psi)} \mathrm{d}\alpha \tag{2.76}$$

图 2.16 给出了统计仿真结果，横坐标是仿真次数，纵坐标是仿真均值与理论均值的均方误差，即 $\delta = \left[E(\theta_2) - \hat{\theta}_2 \right]^2$，其中，$E(\theta_2)$ 是理论均值，$\hat{\theta} = \dfrac{1}{N} \sum\limits_{i=1}^{N} \theta_2$ 是仿真均值，N 为蒙特卡罗仿真次数。可以统计实验的均值是收敛于理论均值的。

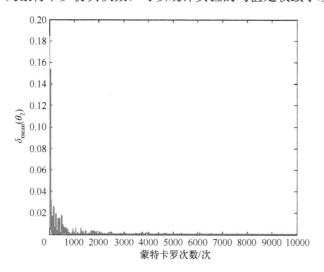

图 2.16 α 满足 $0 \sim 2\pi$ 均匀分布时测量角度收敛图

以上推出了干扰相位完全随机情况下的雷达测的角度均值，进而可以得到在相位完全随机情况下的平均欺骗角度：

$$E(\tilde{\theta}) = \left| \theta_1 - E(\theta_2) \right| = \left| k_m \left[\left(\frac{m_1(\theta) - m_2(\theta)}{m_1(\theta) + m_2(\theta)} \right) - \frac{1}{D} \left(B + \frac{AD - BC}{\sqrt{C^2 - D^2}} \right) \right] \right| \quad (2.77)$$

2.3.3   基于极化估计偏差的定向误差改进模型

在 2.3.2 节的模型中，主要考虑了干扰和目标信号功率比、干扰处天线的极化状态、干扰信号相位，但是忽略了干扰极化的估计偏差，即干扰信号的极化与期望干扰极化的偏差，这是由系统误差和弹目相对运动导致的测量误差共同组成的。如果不考虑干扰极化估计的偏差、干扰的极化完全和雷达极化正交，干扰信号成分就是完全极化的。但是，如果干扰极化没有完全和雷达极化正交，属于波分极化波，那么干扰分量有一部分贡献给了目标的主极化分量，另外一部分贡献给了目标的交叉极化分量，当这两个分量的相对变化量达到一定比例关系时，干扰就不会起到干扰效果，反而会起到信标的作用，提高了雷达导引头对突防平台的角度测量精度。

为此，建立了如下基于极化估计偏差的定向误差改进模型，使得定向误差的描述与分析结果更加精确。

设干扰信号为 J ，目标回波信号为 S ，两者比值为

$$\frac{J}{S} = k\mathrm{e}^{\mathrm{j}\beta} \tag{2.78}$$

式中；k 为干扰与信号的幅度比；β 为两者的相位差。

如 2.3.2 节所述，当单脉冲雷达接收到的回波信号中存在交叉极化干扰，并且与主极化正交时，雷达的测量角度为

$$\hat{\theta} = \mathrm{Re}\left(\frac{\Delta}{\Sigma}\right) = k_m \frac{A + B\cos(\alpha + \beta)}{C + D\cos(\alpha + \beta)} \tag{2.79}$$

其中，

$$\begin{cases} A = m_1^2(\theta) - m_2^2(\theta) + k^2\left[c_1^2(\theta) - c_2^2(\theta)\right] \\ B = 2k\left[m_1(\theta)c_1(\theta) - m_2(\theta)c_2(\theta)\right] \\ C = \left[m_1(\theta) + m_2(\theta)\right]^2 + k^2\left[c_1(\theta) + c_2(\theta)\right]^2 \\ D = 2k\left[m_1(\theta) + m_2(\theta)\right]\left[c_1(\theta) + c_2(\theta)\right] \end{cases}$$

并且，k_m 为系数。

当交叉极化干扰与主极化不完全正交时，由于极化是矢量表示，则设干扰信号与天线的交叉极化的矢量夹角为 γ ，此时 $\gamma \neq 0$ 。需要对上述模型做修正，此时，雷达接收信号中的信号分量中，交叉极化方向的干扰为投影分量，如图 2.17 所示。

$$J_c = S \cdot k\,\mathrm{e}^{\mathrm{j}\beta}\cos\gamma \tag{2.80}$$

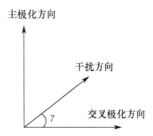

图 2.17　干扰在主极化和交叉极化方向的贡献

主极化方向的信号为目标信号和干扰信号主极化分量的叠加：

$$S_m = S \times \left(1 + k\,\mathrm{e}^{\mathrm{j}\beta}\sin\gamma\right) \tag{2.81}$$

此时，式（2.78）中两者比值可改写为

$$\frac{J_c}{S_m} = \frac{k\,\mathrm{e}^{\mathrm{j}\beta}\cos\gamma}{1 + k\,\mathrm{e}^{\mathrm{j}\beta}\sin\gamma} = k'\mathrm{e}^{\mathrm{j}\beta'} \tag{2.82}$$

将幅度比 k' 和相位差 β' 代入式（2.79），得到交叉极化干扰与雷达正交极化存在偏差时，雷达的测量角度为

$$\hat{\theta} = \mathrm{Re}\left(\frac{\varDelta}{\varSigma}\right) = k_m \frac{A + B\cos(\alpha + \beta')}{C + D\cos(\alpha + \beta')} \tag{2.83}$$

其中

$$A = m_1^2(\theta) - m_2^2(\theta) + k'^2\left[c_1^2(\theta) - c_2^2(\theta)\right]$$

$$B = 2k'\left[m_1(\theta)c_1(\theta) - m_2(\theta)c_2(\theta)\right]$$

$$C = \left[m_1(\theta) + m_2(\theta)\right]^2 + k'^2\left[c_1(\theta) + c_2(\theta)\right]^2$$

$$D = 2k'\left[m_1(\theta) + m_2(\theta)\right]\left[c_1(\theta) + c_2(\theta)\right]$$

2.3.4 对相位和差单脉冲雷达交叉极化干扰分析

前面都是针对振幅和差式单脉冲雷达展开的研究，但相位和差单脉冲雷达也得到了广泛应用，所以这里对相位和差单脉冲雷达的交叉极化干扰进行简要分析。

相位和差单脉冲雷达是基于相位法测角原理工作的。根据两天线接收信号的相位差可以确定目标的方向。若将比相器输出的误差电压经过变换、放大后加到天线驱动系统上，则可通过天线驱动系统控制天线波束运动，使之始终对准目标，实现自动方向跟踪。

图 2.18 给出了一个单平面相位和差单脉冲雷达原理框图，它的天线由两个相隔数个波长的天线孔径组成，每个天线孔径产生一个以天线轴为对称轴的波束，在远区，两方向图几乎完全重叠，对于波束内的目标，两波束所收到的信号振幅是相同的。当目标偏离对称轴时，两天线接收信号由于波程差引起的相位差为

$$\varphi = \frac{2\pi}{\lambda}d\sin\theta \tag{2.84}$$

$$\varphi \approx \frac{2\pi}{\lambda}d\cdot\theta \tag{2.85}$$

式中：d 为天线间隔；θ 为目标对天线轴的偏角。所以，两天线收到的回波为相位相差 φ 而幅度相同的信号。和信号为

$$\begin{cases} \boldsymbol{E}_\Sigma = \boldsymbol{E}_1 + \boldsymbol{E}_2 \\ |\boldsymbol{E}_\Sigma| = 2|\boldsymbol{E}_1|\cos\dfrac{\varphi}{2} \end{cases} \tag{2.86}$$

差信号为

$$\begin{cases} \boldsymbol{E}_\Delta = \boldsymbol{E}_1 - \boldsymbol{E}_2 \\ |\boldsymbol{E}_\Delta| = 2|\boldsymbol{E}_1|\sin\dfrac{\varphi}{2} \end{cases} \tag{2.87}$$

将差信号对和信号进行幅度归一，可以得到角误差信号的模值为

$$\frac{|E_\Delta|}{|E_\Sigma|} = \tan\frac{\varphi}{2} = \tan\left(\frac{\pi}{\lambda} \cdot d \cdot \sin\theta\right) \tag{2.88}$$

$$\varphi = 2\arctan\frac{|E_\Delta|}{|E_\Sigma|} \tag{2.89}$$

通过相位检波器后可以算出目标的偏角：

$$\theta = \arcsin\left(\frac{\lambda}{\pi d} \cdot \arctan\left(\frac{|E_\Delta|}{|E_\Sigma|}\right)\right) \tag{2.90}$$

当目标偏在天线 1 的一边，各信号相位关系如图 2.19 所示，若目标偏在天线 2 的一边，则差信号矢量的方向与图 2.19 所示相反，差信号相位也相反，所以差信号的大小反映了目标偏离天线轴的程度，其相位反映了目标偏离天线轴的方向。由图 2.19 可以看出，和、差信号相位相差 90°，为了用相位检波器进行比相，必须把其中一路预先移相 90°。如图 2.18 所示，将和、差两路信号经同一本振混频放大后，差信号预先移相 90°，然后加到相位检波器上，相位检波器输出电压即为误差电压。

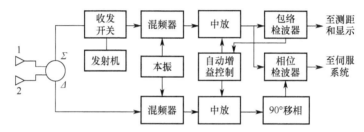

图 2.18　单平面相位和差单脉冲雷达原理框图

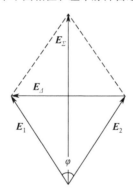

图 2.19　和差信号矢量图

为了分析方便，先只考虑方位相测角的情况。天线 1 和天线 2 的主极化幅度方向图函数采用辛格函数进行模拟，仿真结果如图 2.20 所示。

$$G_m = \left[\sin(k\theta)/(k\theta)\right]^2 \tag{2.91}$$

式中：k 由 $[0,\pi]$ 内旁瓣数目决定；θ 为方位向或俯仰向的角度。

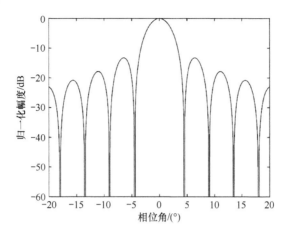

图 2.20　天线主极化幅度方向图

天线的交叉极化幅度方向图采用（$\sin x$）$/x$ 一阶导数的变体函数进行模拟：

$$G_c = L \cdot \frac{2k_c^2\theta\sin\left(k_c\theta\right)\cdot\cos\left(k_c\theta\right) - 2k_c\sin^\alpha\left(k_c\theta\right)}{\left(k_c\theta\right)^\beta + 1} \qquad （2.92）$$

式中：k_c 的值由 $[0,\pi]$ 内旁瓣数目决定；L 为衰减调节量，可根据需要设定；α、β 为波束形状参数；θ 为相应的角度值，单位为弧度。

分别设定天线 1、天线 2 的 k_c、L、α 和 β 参数值，得到两个天线的交叉极化幅度方向图。

天线交叉极化的相位方向图目前还没有有效的数学模型进行模拟，并且随机性较大，采用一组固定的随机数对交叉极化的相位方向图进行模拟。为了与实际情况一致，在仿真分析中该随机数组保持不变。天线 1 的交叉极化相位方向图为 $P_{c1}\left(\theta\right)$，天线 2 的交叉极化相位方向图为 $P_{c2}\left(\theta\right)$。交叉极化方向图仿真如图 2.21 所示。共极化的相位方向图可以认为是一致的，设置为常数 $P_m\left(\theta\right) = 0°$，即两个波束接收的共极化回波不存在天线引起的相位差。

回波信号的共极化分量和交叉极化分量分别为 $s_m\left(t\right)$、$s_c\left(t\right)$，则接收到的电压分别为

$$\begin{cases} E_{\Sigma m} = s_m\left(t\right)\cdot G_m\left(\theta\right) + s_m\left(t\right)\cdot G_m\left(\theta\right)\cdot\exp\left(\mathrm{j}\cdot\Delta\varphi\right) \\ E_{\Delta m} = s_m\left(t\right)\cdot G_m\left(\theta\right)\cdot\exp\left(\mathrm{j}\cdot\Delta\varphi\right) - s_m\left(t\right)\cdot G_m\left(\theta\right) \\ E_{\Sigma c} = s_c\left(t\right)\cdot G_{c1}\left(\theta\right)\cdot P_{c1}\left(\theta\right) + s_c\left(t\right)\cdot\exp\left(\mathrm{j}\cdot\Delta\varphi\right)\cdot G_{c2}\left(\theta\right)\cdot P_{c2}\left(\theta\right) \\ E_{\Delta c} = s_c\left(t\right)\cdot\exp\left(\mathrm{j}\cdot\Delta\varphi\right)\cdot G_{c2}\left(\theta\right)\cdot P_{c2}\left(\theta\right) - s_c\left(t\right)\cdot G_{c1}\left(\theta\right)\cdot P_{c1}\left(\theta\right) \end{cases} \qquad （2.93）$$

式中：$E_{\Sigma m}$ 和 $E_{\Delta m}$ 分别为共极化的和差信号；$E_{\Sigma c}$ 和 $E_{\Delta c}$ 分别为交叉极化的和差信号。在没有交叉极化干扰的情况下，根据相位和差单脉冲测角原理可得两接收天

线的相位差为

$$\varphi_m = 2 \cdot \mathrm{Im}\left(\arctan\left(\frac{E_{\Delta m}}{E_{\Sigma m}}\right)\right) \tag{2.94}$$

根据相位与偏离角度的关系 $\varphi = \dfrac{2\pi}{\lambda}d\sin\theta$，可得到目标对天线轴的偏角 θ。

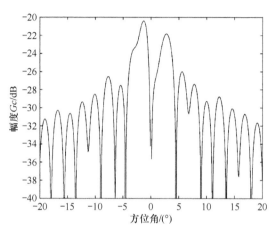

图 2.21　$(\sin x)/x$ 导数变体函数交叉极化方向图

但当存在交叉极化干扰时，和信号将包括共极化分量和交叉极化分量两部分，即 $E_\Sigma = E_{\Sigma m} + E_{\Sigma c}$，差信号也包括共极化分量和交叉极化分量两部分，即 $E_\Delta = E_{\Delta m} + E_{\Delta c}$，考虑交叉极化干扰时两天线的相位差将变为

$$\begin{aligned}
\varphi &= 2\,\mathrm{Im}\left(\arctan\left(\frac{E_\Delta}{E_\Sigma}\right)\right) \\
&= 2\,\mathrm{Im}\left(\arctan\left(\frac{E_{\Delta m} + E_{\Delta c}}{E_{\Sigma m} + E_{\Sigma c}}\right)\right) \\
&= 2\,\mathrm{Im}\left(\arctan\left(\frac{F_{\Delta m}(\theta)\cdot s_m(t) + F_{\Delta c}(\theta)\cdot s_c(t)}{F_{\Sigma m}(\theta)\cdot s_m(t) + F_{\Sigma c}(\theta)\cdot s_c(t)}\right)\right)
\end{aligned} \tag{2.95}$$

一般情况下，当 $s_c(t) \ll s_m(t)$，即交叉极化分量远小于共极化分量时，交叉极化分量可以忽略，即 $E_\Sigma = E_{\Sigma m} + E_{\Sigma c} \approx E_{\Sigma m}$、$E_\Delta = E_{\Delta m} + E_{\Delta c} \approx E_{\Delta m}$。但当 $s_c(t)$ 比 $s_m(t)$ 大 20dB 量级时，交叉极化引起的和差信号将不能被忽略，则测向将出现偏差。

设置 $s_m(t) = 1$，天线 1、2 的波束指向都为 $\theta_0 = 0°$，采用角度估计均方根误差 $\mathrm{RMSE} = \sqrt{E\left[\left(\hat{\theta} - \theta\right)^2\right]}$ 进行测角性能估计。分别仿真分析测角精度与交叉极化干扰强度、信噪比 SNR 的关系。

仿真中设置的 SNR 为 30dB。从图 2.22 中可以看出，当交叉极化干扰较小时，雷达的测角性能基本不受影响。随着交叉极化干扰强度的增大，测角精度受到的影响越来越大。当干扰强度大于 10dB 后，测角变得不准，并随着交叉极化干扰强度的增大，测角误差 RMSE 越来越大。因为交叉极化干扰强度增大，通过天线交叉极化方向图进入接收机的干扰信号越大，导致测角公式中的误差项变大，从而引起测角失准。

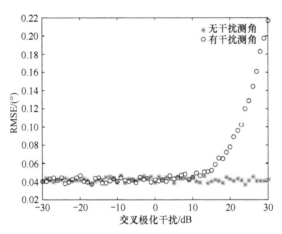

图 2.22　相位和差单脉冲雷达测角精度与交叉极化干扰强度关系

仿真中设置交叉极化干扰强度为 30dB。从图 2.23 中可以看出，当 SNR 较小时，有、无干扰情况下的测角精度都较差，并且存在干扰情况下的测角误差反而小一些。因为由于噪声的存在，干涉仪自身的测角性能就受到了较大影响，测角精度较差，有无干扰变得影响不大，并且 SNR 较小时交叉极化分量所占比重大，使得测角误差较小。当 SNR 较大时，测角精度变高，并趋于平稳。但当存在干扰

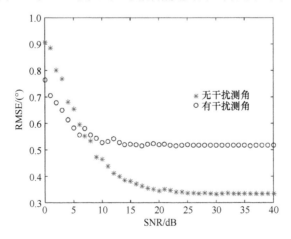

图 2.23　相位和差单脉冲雷达测角精度与 SNR 关系

时，测角误差较大，并且不会随着 SNR 的增大而消除。这是因为交叉极化干扰从天线交叉极化方向图进入天线，带来了接收电压的幅度和相位误差，不能随着主极化 SNR 的增大而消除，所以测角变得不准。

2.4 交叉极化干扰的工程边界条件分析

极化是电磁场中电场矢量在垂直于传播方向的平面上随时间变化的轨迹，是电磁波的基本特征之一。由于不同极化形式的电磁波传播特性不相同，雷达设计时要根据其用途选择合适的极化形式，以充分利用电磁波的能量。雷达选择的极化形式是雷达的重要参数，是雷达的主极化或匹配极化，其实还存在与其正交的极化能量，称为交叉极化。对单色 TEM 平面波而言，如果将雷达传播方向定为 z 轴，其电场矢量可由水平分量和垂直分量表示：

$$E_{HV} = \begin{bmatrix} E_H(z,t) \\ E_V(z,t) \end{bmatrix} = \begin{bmatrix} t_H e^{j(t-kz+h)} \\ t_V e^{j(t-kz+v)} \end{bmatrix} \tag{2.96}$$

雷达常用的极化方式有水平极化（$t_V=0$）、垂直极化（$t_H=0$）；左/右旋圆极化 $t_H=t_V$、$|\phi_H-\phi_V|=\pi/2$ 等。由于工程原因，实际雷达辐射的信号是主极化与正交极化并存。除非是极化体制雷达，雷达要尽量保证主极化的能量，抑制正交极化的能量，以提高雷达的工作效率。一般来讲，将天线主极化增益与正交极化增益比称为雷达的极化抑制比。交叉极化干扰是通过产生与雷达极化特性正交的干扰信号破坏雷达的测角系统，是对单脉冲雷达非常有效的干扰技术。然而，国内业界更多地认为该技术工程难度大，费效比高，不具备实际装备的条件。近期国外市场出现某型具备交叉极化干扰的装备，能对雷达中制导和末制导产生角度干扰，这才引起国内雷达界和对抗界的重视。本节结合国内的技术水平，深入分析在工程上实现交叉极化的边界条件。

2.4.1 交叉极化干扰的工程难点

交叉极化干扰的核心，是要产生与雷达信号正交的交叉极化信号，如果干扰在雷达主极化方向有投影分量，则干扰的相当一部分能量将被雷达匹配接收，不仅无法实现角度干扰的目的，还有可能以信标方式被雷达发现。为了避免这种情况发生，干扰信号必须尽量保持与雷达主极化的正交性。

假定要干扰一部垂直极化的雷达，必须产生一个强的水平极化干扰信号 P_j，如图 2.24 所示。

如果产生的正交极化信号有 2° 的误差，则会产生一个垂直极化分量信号 V_{jV}。$V_{jV}=V_{jH} \tan 2° =0.035 V_{jH}$ 相对应的功率为：$P_{jV}=1.2\times10^{-3} P_{jH}$。所以：

$$\frac{P_{jV}}{P_{jH}} \approx -29\text{dB} \tag{2.97}$$

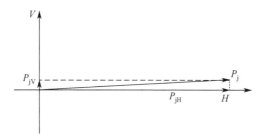

图 2.24 雷达极化矢量图

干扰信号的这种垂直极化分量 V_{jv} 将会帮助雷达进行目标跟踪,对干扰起到反作用。雷达天线的极化纯度一般优于 30dB,所以要求干扰信号与雷达信号的正交极化方向之差小于 2°。这是实现交叉极化干扰的主要难点。

2.4.2 工程实现边界条件分析

1. 对干扰天线的特性分析

在图 2.26 的转发干扰方案中,采用了一对水平极化和一对垂直极化的天线。

假设水平极化天线增益为

$$g_1 = g_3 = (g_H, g_V) \tag{2.98}$$

式中:g_H 为天线水平极化的增益,是天线的主极化分量;g_V 为天线垂直极化的增益,是天线的正交极化分量。

假设垂直极化天线增益为

$$g_2 = g_4 = (g'_H, g'_V) \tag{2.99}$$

式中:g'_V 为天线垂直极化的增益,是天线的主极化分量;g'_h 为天线水平极化的增益,是天线的正交极化分量。

$t=(t_H、t_V)$ 是雷达信号水平极化和垂直极化的信号幅度,因此雷达极化方向为

$$\alpha = \arctan\left(\left|\frac{t_V}{t_H}\right|\right) \tag{2.100}$$

根据双通道转发、一路反相后,输出的干扰信号如下。

通道 1:$(g_H t_H + g_V t_V)(g'_H,\ g'_V)$。

通道 2:$(g'_H t_H + g'_V t_V)(-g_H,\ -g_V)$。

合成信号:$(g'_H g_V t_V - g_H g'_V t_V,\ g'_V g_H t_H - g_V g'_H t_H) = g'_H g_V - g_H g'_V \times (t_V, -t_H)$。

则干扰信号极化方向:

$$\alpha' = -\arctan\left(\left|\frac{t_H}{t_V}\right|\right) = \pi / 2 \pm \alpha \tag{2.101}$$

除非 $(g'_H g_V - g_H g'_V) = 0$,一般情况下,无论所采用的水平、垂直极化的干扰天线极化纯度如何,也无论两组天线的极化特性是否一致,只要保证转发通道的

增益一致、相位差 180°，合成的干扰信号就必定与雷达信号正交。上面的推导表明：转发式交叉极化干扰对干扰天线的极化特性几乎没有什么限制，否定了过去认为干扰天线的极化纯度必须优于雷达天线的极化纯度的传统观点，后面我们看到，选用极化纯度高的天线，可以降低通道一致性的要求。

2. 对通道幅相控制的要求

图 2.26 表明，在转发干扰中，要产生与接收信号极化正交的干扰信号，必须保证两个通道的增益一致，相位反相。实际上，两个通道无法做到理想的增益一致和相位反相，通道间必然存在增益比 $\mu \neq 1$、相位差 $\gamma \neq 180°$，假设该误差体现在通道 2 上，则通道 2 的输出信号为

$$-k(g'_H t_H + g'_V t_V)(g_H, g_V), \quad k = \mu e^{j\gamma} \tag{2.102}$$

与通道一合成输出的干扰信号为

$$(g_H t_H + g_V t_V)(g'_H g'_V) - k(g'_H t_H + g'_V t_V)(g_H g_V) \tag{2.103}$$

展开后得

$$((g_H g'_H t_H + g_V g'_H t_V - k g'_H g_H t_H - k g'_V g_H t_V), (g_H g'_V t_H + g_V g'_V t_V - k g_V g'_H t_H - k g_V g'_V t_V)) \tag{2.104}$$

干扰信号极化方向：

$$((g_H g'_V - k g_V g'_H) t_H + (g_V g'_V - k g_V g'_V) t_V) / ((g_H g'_H - k g'_H g_H) t_H + (g_V g'_H - k g'_V g_H) t_V) \tag{2.105}$$

如果采用极化特性相同的天线通过正交放置作为干扰天线，则 $g_V \approx g'_H$，$g_H \approx g'_V$，$\xi = g_V / g_H$ 为干扰天线的极化纯度。

式（2.105）分子分母同除以 $g_H^2 t_H$，则干扰信号极化方向：

$$\alpha'' = \arctan \frac{(1 - k\xi^2) + (1 - k)\xi \arctan \alpha}{(1 - k)\xi + (\xi^2 - k)\arctan \alpha} \tag{2.106}$$

以 (ξ, α) 为参变量，可以计算满足：$|\alpha'' - \alpha'| < 2°$ 的 $K(\mu, \gamma)$ 的取值范围，也就是交叉极化干扰的幅相控制要求，如图 2.25 所示。

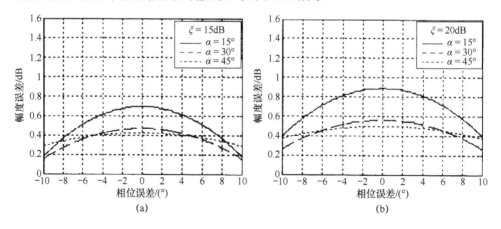

(a)   (b)

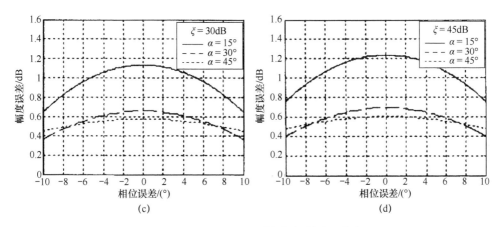

图 2.25　不同（ξ、α）时幅相控制边界曲线

（a）ξ = 15dB；（b）ξ = 20dB；（c）ξ = 30dB；（d）ξ = 45dB。

从图 2.25 的数据，可以得到如下结论。

（1）如果能将通道将相位和幅度误差分别控制在 ±6°、±0.5dB 之间，就能够满足交叉极化干扰的控制要求。

（2）选用的干扰天线的极化纯度越高，对通道的幅相控制要求越低。

（3）雷达信号极化方向与其中任一干扰天线的夹角（取值范围 0°～45°）对幅相控制需求的影响为：该角度越小，幅相控制要求越低，45° 时要求最高。

第3章 雷达发射极化参数的自适应测量与跟踪技术

由于雷达载荷姿态的变化，相对运动、天线指向的变化，以及跟踪低空目标地面或海面的反射，都有可能引起干扰机处接收到的雷达信号的极化发生变化。为了保证干扰的有效性，针对极化参数变化条件下极化的自适应测量与跟踪这一问题，提出了基于极化相干矩阵的雷达极化参数自适应估计算法、基于卡尔曼滤波的极化状态估计算法、基于矢量和差处理的雷达信号极化参数自适应跟踪方法，第三个方法参考了美国的一项专利技术，有效降低干扰前端极化测量的系统复杂度以及研发成本。

3.1 基于极化相干矩阵的雷达极化参数自适应估计算法

3.1.1 相干极化矩阵的估计

雷达极化信息可以由极化相干矩阵完全表征，假设干扰机接收到的雷达照射波的 Jones 矢量用极化相干矩阵表示为

$$C = \langle EE^{\mathrm{h}} \rangle \qquad (3.1)$$

式中：上标"h"为共轭转置；C 为 Hermite 矩阵。

实际工程应用中，极化相干矩阵是不能先验得到的。但是在工程应用中，我们可以获得雷达波 Jones 矢量的随机样本为 $\{E_1, E_2, \cdots, E_m\}$，它们可以表示一系列相邻距离分辨单元的雷达回波，也可以表示同一距离分辨单元相邻脉冲扫描周期的雷达回波。从而极化相干矩阵最大似然估计为

$$\hat{C} = \frac{1}{M} \sum_{m=1}^{M} E_m E_m^{\mathrm{h}} \qquad (3.2)$$

即用统计平均来近似估计集合平均。

随机复矢量 E 的概率密度为

$$f_E(E) = 1/\pi^2 |C| \exp\{-E^{\mathrm{h}} C^{-1} E\} \qquad (3.3)$$

极化相干矩阵估计 $\hat{C}$ 服从 Wishart 分布，其概率密度为

$$f_{\hat{C}}\left(\hat{C}\right) = \frac{M^{Mq} \cdot \left|\hat{C}\right|^{M-q}}{G(M,q)|C|^M} \exp\left\{-M \cdot \mathrm{tr}\left(C^{-1}\hat{C}\right)\right\} \tag{3.4}$$

式中：$\hat{C}$ 为正定矩阵。$G(M,q) = \pi^{q(q-1)/2} \cdot \Gamma(M) \cdots \cdot \Gamma(M-q+1)$，$q = 2$ 为向量 E 的维数，$\Gamma(\cdot)$ 为 Gamma 函数。

显然，极化相干矩阵元素的估计精度和 M 有关，即正比于 $M^{-1/2}$。因此要提高估计的精度，必须增加采样点的数量，然而，由于独立采样定理和信号时宽的限制，M 不可能很大。

3.1.2 接收天线极化优化

假设雷达波的 Jones 矢量为 E_i，其极化相干矩阵为 C，接收天线极化的 Jones 矢量为 h，且满足单位增益约束，则接收的雷达信号功率为

$$P = |V|^2 = \left|h^{\mathrm{T}}E_i\right|^2 = \left(h^{\mathrm{T}}E_i\right)\left(h^{\mathrm{T}}E_i\right)^{\mathrm{h}} = h^{\mathrm{T}}E_iE_i^{\mathrm{h}}h^* \tag{3.5}$$

即为

$$P = h^{\mathrm{T}}Ch^* \tag{3.6}$$

从而求最佳接收天线极化的问题转化为求下面带约束的优化问题的解：

$$\min \quad P = h^{\mathrm{T}}Ch^* \quad \text{s.t.} \quad \|h\| = 1 \tag{3.7}$$

由于 C 为 Hermite 矩阵，所以 $P = h^{\mathrm{T}}Ch^*$ 为 Hermite 二次型，根据 Hermite 二次型的有关知识可得 h 的最优解为矩阵 C 最小特征值对应的特征向量的共轭。假设 C 的两个特征值为 λ_1 和 λ_2，不妨设 $\lambda_1 \geqslant \lambda_2$，相应的特征向量为 X_1 和 X_2。记

$$C = \begin{bmatrix} C_{\mathrm{HH}} & C_{\mathrm{HV}} \\ C_{\mathrm{VH}} & C_{\mathrm{VV}} \end{bmatrix} \tag{3.8}$$

则两个特征值为

$$\lambda_{1,2} = \frac{1}{2}\left(\mathrm{Tr}C\right) \pm \sqrt{\left(\mathrm{Tr}C\right)^2 - 4\mathrm{Det}C} \tag{3.9}$$

相应的单位特征向量为

$$\begin{cases} X_1 = \dfrac{1}{\sqrt{1+|a|^2}}\begin{bmatrix} 1 \\ a \end{bmatrix} \\[3mm] X_2 = \dfrac{1}{\sqrt{1+|a|^2}}\begin{bmatrix} -a^* \\ 1 \end{bmatrix} \end{cases} \tag{3.10}$$

式中：$a = \dfrac{\lambda_1 - G_{\mathrm{HH}}}{G_{\mathrm{HV}}}$。

使天线接收功率最大的接收极化为

$$h_{\mathrm{opt}} = X_2^* \tag{3.11}$$

3.1.3 递推算法

递推算法是为了实时"跟踪"雷达极化状态的变化，调整天线的极化，使得干扰参数适应环境的变化。极化参数估计可以认为是"学习"过程，所谓"学习"，即利用已有的历史数据获取信号所蕴含的极化信息；递推算法相当于"跟踪"过程，所谓"跟踪"，即在已有的极化信息基础上结合新观测得到的数据更新极化信息。

设已经获得 n 时刻极化相干矩阵的估计 $\widehat{C}_n$，由式（3.10）和式（3.11）可得当前时刻的最优天线极化为 h_n，$n+1$ 时刻接收到电磁波的 Jones 矢量为 E_{n+1}，则接收电压为

$$V_{n+1} = h_n^{\mathrm{T}} E_{n+1} \tag{3.12}$$

根据电场 E_{n+1} 对极化相干矩阵进行修正，得

$$\widehat{C}_{n+1} = (1-\lambda)\widehat{C}_n + \lambda E_{n+1} E_{n+1}^h = \widehat{C}_n + \lambda\left(E_{n+1} E_{n+1}^h - \widehat{C}_n\right) \tag{3.13}$$

式中：$0 \leqslant \lambda < 1$ 为新数据权重因子，取 $\lambda = \dfrac{1}{M}$，则

$$\widehat{C}_{n+1} = \widehat{C}_n + \frac{1}{M}\left(E_{n+1} E_{n+1}^h - \widehat{C}_n\right) = \frac{M-1}{M}\widehat{C}_n + \frac{1}{M}E_{n+1} E_{n+1}^h \tag{3.14}$$

定义极化新息矩阵为

$$R = E_{n+1} E_{n+1}^h - \widehat{C}_n \tag{3.15}$$

其反映了极化特征的变化量。

初始值 $\widehat{C}_0$ 可以取一个 Hermite 矩阵。

3.1.4 仿真算例

在仿真算例中考虑了接收机噪声的影响，假设接收机噪声服从独立复正态分布，记为 $n = [n_{\mathrm{H}}, n_{\mathrm{V}}]^{\mathrm{T}}$。其均值为 0，协方差矩阵为 $\sigma^2 I$，这意味着接收机噪声可以视为完全未极化波，实验中信噪比为 10dB。

在该实验中，雷达信号采样序列长度为 200，前 50 点为左旋圆极化，后 150 点为垂直极化，雷达信号强度不变。取 $M = 10$，极化相干矩阵初始值选为 $\widehat{C}_0 = I$，假设接收机噪声服从独立复正态分布，仿真结果如图 3.1 所示。

为了更清楚地分析出极化跟踪的效果，设置了一个极化与雷达极化正交的极化滤波器，通过滤波器的输出电压来判断极化估计与跟踪的效果，滤波器输出电压接近为 0，说明极化估计准，达到最小接收电压的速度说明极化跟踪的速度。

由图 3.1 可见，从第 50 个采样点开始，雷达极化状态发生突变，该算法能自适应调整收发极化状态，经过 20 步左右的迭代就可以跟踪上该变化，具有较快的收敛速度，适宜工程应用。

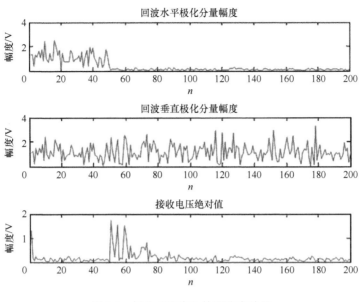

图 3.1　极化"突变"检测仿真结果

3.2　基于卡尔曼滤波的极化状态估计算法

常见卡尔曼滤波算法用于目标跟踪领域，可以将卡尔曼滤波算法用于雷达极化参数的估计和跟踪。曾有文献提出用卡尔曼滤波的方法来估计信号极化状态的算法，该算法在信号极化状态保持不变的情况下，或者极化状态作简单跳变时可以得到较好的估计和跟踪效果，但是在极化状态作较为复杂变化时效果较差，为此，这里提出将交互多模（IMM）卡尔曼滤波算法引入用于极化状态的估计和跟踪，在仿真实验中考虑了多种变化样式，发现本算法对于较为复杂的极化变化样式也能快速跟踪，估计精度和速度均较好。

3.2.1　交互多模（IMM）算法

卡尔曼滤波器是基于状态空间模型的线性最小均方误差滤波器，采用自适应递推算法实现。常见卡尔曼滤波算法用于目标跟踪领域，本节将用于极化参数的估计和跟踪。普通卡尔曼滤波算法用于非机动极化参数跟踪能够得到很好的效果。但是，实际极化参数可能是机动的（二维极化参数变化的速度大小，速度方向发生变化），此时若使用普通的卡尔曼滤波算法，那么肯定得不到理想的效果，甚至跟踪丢失。原因是设定的信号极化参数运动模型与信号极化参数实际运动模型失配，导致滤波器可能发散。如果极化参数的运动过程不能始终使用单一模型描述，那么就可以考虑同时使用多个状态模型，对每个滤波器（一个模型使用一个卡尔曼滤波器）的滤波值根据各自的信息进行加权融合来逼近真实情况，这就是多模算法。

61

3.2.2 交互多模算法实施步骤

交互多模算法思想是：用多个不同的模型（机动模型、不同参数的非机动模型）对同一雷达极化参数进行卡尔曼滤波，在滤波的开始和结束处，将各个模型所得到的结果按照各自概率进行加权求和与转换。

假定有 r 个运动模型（即 r 个状态转移方程）：

$$\boldsymbol{X}_j(k+1) = \boldsymbol{\Phi}_j(k+1,k)\boldsymbol{X}_j(k) + \boldsymbol{\Gamma}_j(k)\boldsymbol{W}_j(k), \quad j = 1, 2, \cdots, r \quad (3.16)$$

式中：$\boldsymbol{W}_j(k)$ 为均值为零、协方差矩阵为 $\boldsymbol{Q}_j(k)$ 的白噪声序列。用一个马尔可夫链来控制这些模型之间的转换，马尔可夫链的转移概率矩阵为

$$\boldsymbol{P} = \begin{bmatrix} p_{11} & \cdots & p_{1r} \\ \vdots & \ddots & \vdots \\ p_{r1} & \cdots & p_{rr} \end{bmatrix} \quad (3.17)$$

观测模型为

$$\boldsymbol{Y}(k) = \boldsymbol{C}(k)\boldsymbol{X}(k) + \boldsymbol{V}(k) \quad (3.18)$$

如图 3.2 所示，交互多模（IMM）算法的步骤可归纳如下。

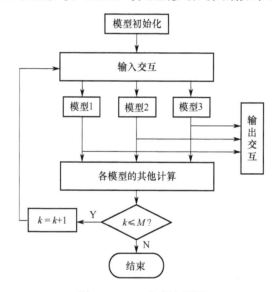

图 3.2　IMM 仿真流程图

（1）输入交互（模型 j）。

由式（3.17）可知，模型 $i \sim$ 模型 j 的转移概率为 p_{ij}，设模型 j 在 $k-1$ 时刻的概率为 $\mu_j(k-1)$，模型 j 的预测概率（归一化常数）为

$$\overline{c}_j = \sum_{i=1}^{r} p_{ij}\mu_i(k-1) \quad (3.19)$$

模型 $i \sim$ 模型 j 的混合概率为

$$\hat{X}_{0j}(k-1/k-1) = \sum_{i=1}^{r} \hat{X}_i(k-1/k-1)\mu_{ij}(k-1/k-1) \qquad (3.20)$$

模型 j 的混合协方差估计为

$$\begin{aligned}
\boldsymbol{P}_{0j}(k-1/k-1) = \sum_{i=1}^{r} \mu_{ij}(k-1/k-1) \cdot \{ \boldsymbol{P}_i(k-1/k-1) \\
+ [\hat{\boldsymbol{X}}_i(k-1/k-1) - \hat{\boldsymbol{X}}_{0j}(k-1/k-1)] \cdot \\
[\hat{\boldsymbol{X}}_i(k-1/k-1) - \hat{\boldsymbol{X}}_{0j}(k-1/k-1)]^{\mathrm{T}} \}
\end{aligned} \qquad (3.21)$$

（2）卡尔曼滤波（模型 j）。

对应于模型 j，以 $\hat{\boldsymbol{X}}_{0j}(k-1/k-1)$、$\boldsymbol{P}_{0j}(k-1/k-1)$ 及 $\boldsymbol{Z}(k)$ 作为输入进行卡尔曼滤波运算。

状态预测为

$$\hat{\boldsymbol{X}}_j(k/k-1) = \boldsymbol{\varPhi}_j(k-1)\hat{\boldsymbol{X}}_{0j}(k-1/k-1) \qquad (3.22)$$

预测误差协方差为

$$\boldsymbol{P}_j(k/k-1) = \boldsymbol{\varPhi}_j \boldsymbol{P}_{0j}(k-1/k-1)\boldsymbol{\varPhi}_j^{\mathrm{T}} + \boldsymbol{\varGamma}_j(k-1)\boldsymbol{Q}_j(k-1)\boldsymbol{\varGamma}_j^{\mathrm{T}}(k-1) \qquad (3.23)$$

卡尔曼增益为

$$\boldsymbol{K}_j(k) = \boldsymbol{P}_j(k/k-1)\boldsymbol{C}^{\mathrm{T}}(k) \cdot [\boldsymbol{C}(k)\boldsymbol{P}_j(k/k-1)\boldsymbol{C}^{\mathrm{T}}(k) + \boldsymbol{R}(k)]^{-1} \qquad (3.24)$$

滤波结果为

$$\hat{\boldsymbol{X}}_j(k/k) = \hat{\boldsymbol{X}}_j(k/k-1) + \boldsymbol{K}_j(k)[\boldsymbol{Z}(k) - \boldsymbol{C}(k)\boldsymbol{X}_j(k/k-1)] \qquad (3.25)$$

滤波协方差为

$$\boldsymbol{P}_j(k/k) = [\boldsymbol{I} - \boldsymbol{K}_j(k)\boldsymbol{C}(k)]\boldsymbol{P}_j(k/k-1) \qquad (3.26)$$

（3）模型概率更新。

模型 j 的似然函数为

$$\varLambda_j(k) = \frac{1}{(2\pi)^{n/2}|\boldsymbol{S}_j(k)|^{1/2}} \cdot \exp\{-\frac{1}{2}\boldsymbol{v}_j^{\mathrm{T}}(k)\boldsymbol{S}_j^{-1}(k)\boldsymbol{v}_j(k)\} \qquad (3.27)$$

其中，

$$\boldsymbol{v}_j(k) = \boldsymbol{Z}(k) - \boldsymbol{C}(k)\hat{\boldsymbol{X}}_j(k/k-1)$$

$$\boldsymbol{S}_j(k) = \boldsymbol{C}(k)\boldsymbol{P}_j(k/k-1)\boldsymbol{C}(k)^{\mathrm{T}} + \boldsymbol{R}(k)$$

则模型 j 的概率更新为

$$\mu_j(k) = \varLambda_j(k)\overline{c}_j / c \qquad (3.28)$$

（4）交互输出。

总的状态估计为

$$\hat{\boldsymbol{X}}(k/k) = \sum_{j=1}^{r} \hat{\boldsymbol{X}}_j(k/k)\mu_j(k) \qquad (3.29)$$

总的协方差估计为

$$P(k/k) = \sum_{j=1}^{r} \mu_j(k)\{P_j(k/k) + [\hat{X}_j(k/k) - \hat{X}(k/k)] \cdot [\hat{X}_j(k/k) - \hat{X}(k/k)]^{\mathrm{T}}\} \quad （3.30）$$

3.2.3 雷达极化状态估计建模

设雷达发射信号为

$$S = \left[S\cos\gamma\, \mathrm{e}^{\mathrm{j}\phi_{\mathrm{H}}} \quad S\sin\gamma\, \mathrm{e}^{\mathrm{j}\phi_{\mathrm{V}}} \right]^{\mathrm{T}} \quad （3.31）$$

式中：S 为雷达信号的幅度；$(\gamma, \phi_{\mathrm{V}} - \phi_{\mathrm{H}})$ 为雷达极化参数；T 代表转置。雷达极化状态估计原理框图如图 3.3 所示。

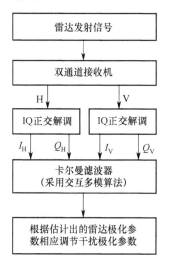

图 3.3　雷达极化状态估计原理框图

对于脉冲雷达，考虑在每个单脉冲周期内，在大于最大回波范围内进行采样，即相当于对单元采样，经 I、Q 正交解调后的信号为

$$I_{\mathrm{H}} = S\cos\gamma_{\mathrm{S}}\cos\phi_{\mathrm{SH}} \quad （3.32）$$

$$Q_{\mathrm{H}} = S\cos\gamma_{\mathrm{S}}\sin\phi_{\mathrm{SH}} \quad （3.33）$$

$$I_{\mathrm{V}} = J\sin\gamma_{\mathrm{S}}\cos\phi_{\mathrm{SV}} \quad （3.34）$$

$$Q_{\mathrm{V}} = J\sin\gamma_{\mathrm{S}}\sin\phi_{\mathrm{SV}} \quad （3.35）$$

令

$$x_1 = I_{\mathrm{V}} = J\sin\gamma_{\mathrm{S}}\cos\phi_{\mathrm{SV}} \quad （3.36）$$

$$x_2 = Q_{\mathrm{V}} = J\sin\gamma_{\mathrm{S}}\sin\phi_{\mathrm{SV}} \quad （3.37）$$

$$x_3 = I_{\mathrm{H}} = J\cos\gamma_{\mathrm{S}}\cos\phi_{\mathrm{SH}} \quad （3.38）$$

$$x_4 = Q_{\mathrm{H}} = J\cos\gamma_{\mathrm{S}}\sin\phi_{\mathrm{SH}} \quad （3.39）$$

对于雷达极化状态估计问题，采用两个模型，第一个模型是非机动模型，第

二个模型为机动模型。马尔可夫链的转移概率矩阵为

$$\boldsymbol{P} = \begin{bmatrix} 0.9 & 0.1 \\ 0.1 & 0.9 \end{bmatrix} \tag{3.40}$$

设在跟踪起始阶段各模型的概率依次为 $\mu_1 = 0.03$，$\mu_2 = 0.97$。

先令 $y = x_1$，$x = x_2$ 进行交互多模（IMM）卡尔曼滤波，滤波后得到 x_1' 和 x_2'，再令 $y = x_3$，$x = x_4$ 进行交互多模卡尔曼滤波，滤波后得到 x_3' 和 x_4'。

x 方向滤波误差的均值为

$$\overline{e_x(k)} = \frac{1}{M}\sum_{i=1}^{M}[x_i(k) - \hat{x}_i(k/k)] \tag{3.41}$$

滤波误差的标准差为

$$\sigma_{\hat{x}} = \sqrt{\frac{1}{M}\sum_{i=1}^{M}[x_i(k) - \hat{x}_i(k/k)]^2 - \left[\overline{e_x(k)}\right]^2} \tag{3.42}$$

同理，可求出 y 方向的滤波误差均值和滤波误差标准差，则估计得到的雷达极化参数 (γ_S', ϕ_S') 为

$$\gamma_S' = \arctan[(x_1' + x_2')/(x_3' + x_4')] \tag{3.43}$$

$$\phi_S' = \arctan(x_2'/x_1') - \arctan(x_4'/x_3') \tag{3.44}$$

估计出极化状态为

$$S' = \left[\cos\gamma_S' \, \mathrm{e}^{\mathrm{j}\phi_{SH}'} \quad \sin\gamma_s' \, \mathrm{e}^{\mathrm{j}\phi_{SV}'}\right]^{\mathrm{T}} \tag{3.45}$$

3.2.4 仿真算例

1）雷达极化为固定极化情况下的极化状态估计

本算例中待估计雷达极化角为 $\gamma_J = 60^\circ$，待估雷达极化相位差为 $\phi_J = \phi_{JV} - \phi_{JH} = 40^\circ - 40^\circ = 0^\circ$，信噪比为 20dB。仿真结果如图 3.4、图 3.5 所示。

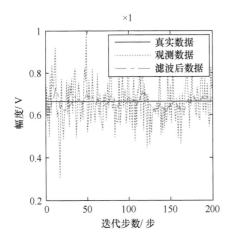
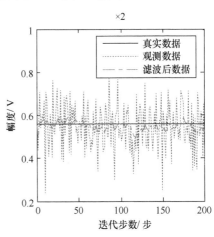

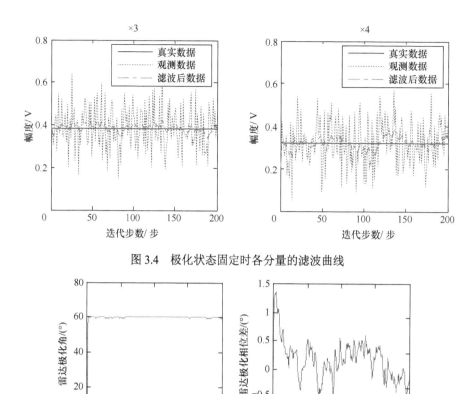

图 3.4　极化状态固定时各分量的滤波曲线

图 3.5　极化状态固定时极化角和两分量相位差的估计曲线

由仿真结果可以看出，算法迭代到 10 步左右开始收敛，估计曲线的稳态值逼近真实值。图 3.4 给出的是单次仿真结果，经过 100 次仿真平均之后得到的曲线更为平滑。经计算得到雷达极化角的滤波误差均值为 0.72°，雷达信号极化相位差滤波误差均值为 0.22°。

2）雷达极化突变情况下的极化状态估计

本算例中待估雷达极化角开始为 $\gamma_J = 60°$，迭代到 50 步后雷达极化角变为 $\gamma_J = 30°$，待估雷达极化相位差为 $\phi_J = \phi_{JV} - \phi_{JH} = 40° - 40° = 0°$，信噪比为 20dB。仿真结果如图 3.6、图 3.7 所示。

经计算得到极化角的滤波误差均值为 2.38°，极化相位差滤波误差均值为 2.37°。

3）极化相位差缓慢连续变化情况下的极化状态估计

本算例中极化角 $\gamma_J = 60°$ 固定不变，H,V 通道的极化相位从 $0° \sim 180°$ 均匀变化，但是在变化过程中保持两通道极化相位差为 0°。这时如果仍采用普通的卡尔曼滤波方法来估计极化参数，则得到的估计如图 3.8 所示。

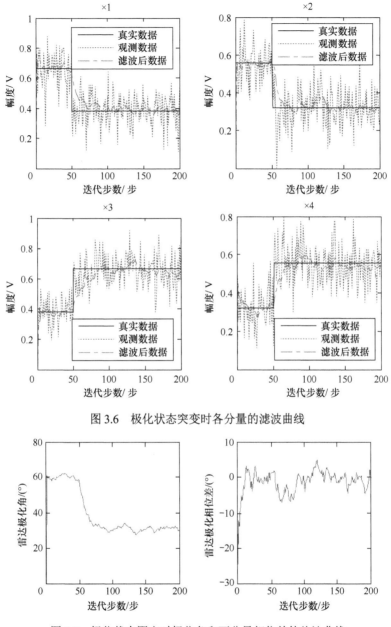

图 3.6　极化状态突变时各分量的滤波曲线

图 3.7　极化状态固定时极化角和两分量相位差的估计曲线

可以看到，在估计过程中极化角和雷达极化相位差会出现较大误差，但是如果采用 IMM 算法进行滤波，算法将根据情况自动调整用不同模型来进行滤波，适用性更强。从图 3.9 的仿真结果可以看出来。这时候对雷达极化状态的估计更为准确，不会出现较大的波动。

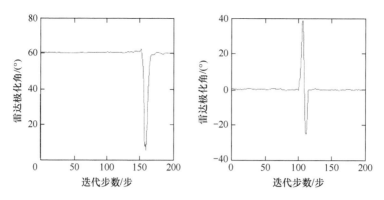

图 3.8 极化相位连续变化时，采用常规卡尔曼滤波方法得到的极化角和
两分量相位差的估计曲线

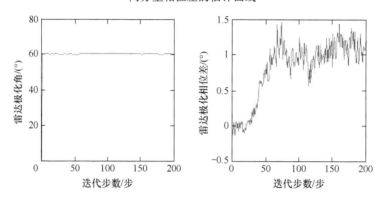

图 3.9 极化相位连续变化时极化角和极化相位差估计

3.3 基于矢量和差处理的极化参数自适应测量方法

针对极化参数变化条件下的测量与跟踪问题，提出了一种极化参数自适应测量的方法。同其他测量方法相比，由于该自适应极化测量方法利用的是电磁信号正交极化分量的矢量和、矢量差之间满足特定的幅度和相位关系，故需要通过局部极小值搜索算法来测量极化参数。在实际系统实现时，还可以采用多种数学优化算法来提高参数的测量效率，不仅对于固定的极化参数有很好的估计效果，对变化的极化参数也能快速跟踪，估计精度和速度均较好。可以有效降低极化测量的系统复杂度以及研发成本。

总体技术方案需要：一副共口径的正交双模喇叭双极化天线，双通道信号处理模块，一个极化参数自适应测量模块。双极化天线接收到雷达电磁信号，并提供一个电信号 E_H，该信号为馈入到天线上电磁波信号电场的水平极化分量，以及另一个电信号 E_V，为馈入到天线上电磁波信号电场的垂直极化分量。此水平极化分量和垂直极化分量信号在双通道信号处理模块中分别经过放大、混频、滤波、零中频处理，然后馈入极化参数自适应测量模块。该模块中预先储存了多种极化加权变换的参数组（γ, ϕ），先对水平分量信号和垂直分量信号进行两次 180° 的相位加权，求解出正交极化分量的矢量和信号、矢量差信号，然后，计算矢量差信号与矢量和信号的比值（称为"差和系数"），按照极化加权变换的参数组对接收的两路信号进行反馈式的幅相加权，使得"差和系数"满足零值条件。此时，极化变化参数和雷达极化参数匹配，极化加权变换参数即为雷达极化参数。

图 3.10 为雷达信号极化参数自适应测量方法的基本流程图。图中包括四个处理步骤，正交双模喇叭双极化天线接收到雷达信号，通过双通道进行放大、滤波、混频和中频处理，然后馈入极化参数和差自适应测量模块，最后通过观察是否满足零值或最小值的自适应跟踪条件，即可测得该雷达信号的极化参数。

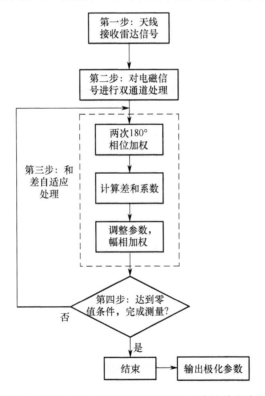

图 3.10 雷达信号极化参数自适应测量方法的基本流程图

第一步，双极化天线接收到雷达电磁信号。

根据电磁场理论，某一时刻空间中某点沿电磁波传播方向的电场矢量为 E，该矢量垂直于电磁波信号的传播矢量，而任何一个矢量在 xy 平面都可进行极化正交分解，其中分解在 x 方向的电场矢量称为 H 极化分量（水平极化分量），分解在 y 方向的电场矢量称为 V 极化分量（垂直极化分量），两个分量分别记为 E_{H} 和 E_{V}。

通常以水平和垂直线极化为基来表示某电场矢量为 E 的电磁波的极化状态，可采用 Jones 矢量表达形式：

$$E = \begin{bmatrix} E_H & E_V \end{bmatrix}^T = E\begin{bmatrix} \cos\gamma & \sin\gamma\, e^{j\alpha} \end{bmatrix}^T \qquad (3.46)$$

式中：$\tan\gamma = |E_V|/|E_H|$；α 为 E_V 超前 E_H 的相位。

电场矢量为 E 的电磁波的极化状态也可表示为极化幅度比 ρ_{HV} 和相位差的形式，即

$$\rho_{HV} = \frac{E_V}{E_H} = \frac{|E_V|}{|E_H|} e^{j(\varphi_V - \varphi_H)} = \tan\gamma \cdot e^{j\alpha} \qquad (3.47)$$

第二步，对电磁波信号进行双通道处理。

在图 3.11 所示的双通道信号处理模块中，当天线接收到雷达电磁信号通过第一步正交双极化天线分解成水平和垂直极化分量后，将两个分量信号进行双通道处理。首先，两个极化分量信号分别送入两个完全相同的通道，每个通道包括依次连接的低噪声放大器、混频器、放大器和滤波器、混频器和正交零中频处理器；然后接收天线接收的水平极化信号输入到接收模块的第一通道，接收天线接收的垂直极化信号输入到接收模块的第二通道，经过两个通道处理后，输出的两个极化分量信号转换为零中频信号，包含同相、正交分量，通过 AD 采样之后就可以得到雷达的复调制信号，提取出信号的包络、鉴别出信号的相位；最后，两路通道的极化分量信号分别经过 AD 采样之后送入下一步的极化参数自适应测量模块，进行和差闭环自适应测量处理。

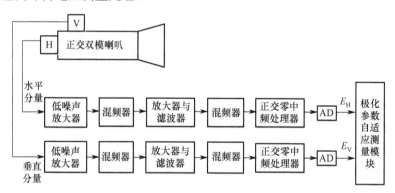

图 3.11　为双通道信号处理模块组成结构图

第三步，和差矢量信号自适应处理。

在图 3.12 所示的极化参数自适应测量模块中，包括两个微波混合电路（200 和 210）、一个采用对数放大的双通道接收机，以及一个零值自适应跟踪器。每个微波混合电路具有一个定向耦合器和一个 180° 微波混合器。这个步骤主要是对经过双通道处理的两个极化分量信号进行和差自适应处理，分别获得两个极化分量的矢量和信号与矢量差信号，通过对数放大双通道接收机计算矢量差信号与矢量

和信号的比值（这里称为"差和系数"），零值自适应跟踪器中预先储存了多组极化加权变换的参数组（γ, ϕ），分别反馈给两个微波混合电路的输入端，通过二维搜索或遍历计算的数学方法，令差和系数达到最小值，最终获得雷达信号的极化参数。

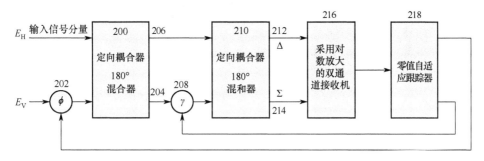

图 3.12　极化参数自适应测量装置的结构图

首先，对水平分量信号和垂直分量信号进行两次 180° 相位加权。

经过双通道处理后，水平极化分量信号 E_H 先馈入微波混合电路 200 定向耦合器的第一输入端口，垂直极化分量信号 E_V 馈入移相器 202，该移相器对信号移相的角度为 ϕ，那么移相器 202 的输出是 $E_V\,e^{-j\phi}$。然后，将该信号馈入微波混合电路 200 定向耦合器的第二输入端口。定向耦合器 200 在输出端 204 输出一个矢量和信号，它是馈入到耦合器中输入信号的矢量和，表示为

$$S_{204} = E_H + E_V\,e^{-j\phi} \tag{3.48}$$

微波混合电路 200 定向耦合器在输出端 206 输出一个矢量差信号，该信号是馈入耦合器中输入信号的差，可表示为

$$S_{206} = E_H - E_V\,e^{-j\phi} \tag{3.49}$$

从定向耦合器 200 输出端 204 输出的第一个信号或者和信号会馈入另外一个移相器 208 中再进行移相，移相相位为 γ。该移相器 208 输出端连接到另外一个定向耦合器 210 作为一个输入，它和第一个定向耦合器 200 相似，同样具有 180° 混合功能。其中，移相器 208 输出的移相信号表示为

$$S_{208} = \left(E_H + E_V\,e^{-j\phi}\right)e^{-j\gamma} \tag{3.50}$$

定向耦合器 200 输出的第二个信号或差信号 206 直接连到微波混合电路 210 的另外一个输入端。与第一个微波混合电路 200 一样，耦合器 210 将进行第二次 180° 混合，即 180° 相位加权，并且也会输出一个和信号和一个差信号。其中，耦合器 210 输出端 214 输出的就是两个极化分量信号经过两次相位加权后的矢量和信号，记作 Σ 信号，该和信号可表示为

$$\Sigma = E_H - E_V\,e^{-j\phi} + \left(E_H + E_V\,e^{-j\phi}\right)e^{-j\gamma} \tag{3.51}$$

而耦合器 210 输出端 212 输出的是两个极化分量信号经过两次相位加权后的矢量

差信号，记作 Δ 信号，该差信号可表示为

$$\Delta = E_{\mathrm{H}} - E_{\mathrm{V}}\,\mathrm{e}^{-\mathrm{j}\phi} - \left(E_{\mathrm{H}} + E_{\mathrm{V}}\,\mathrm{e}^{-\mathrm{j}\phi}\right)\mathrm{e}^{-\mathrm{j}\gamma} \tag{3.52}$$

这样，水平极化分量和垂直极化分量信号通过两个微波混合电路 200 和 210 的两次 180° 相位加权，以及两个移相器 202 和 208 的相位移相，就得到了两个极化分量信号的矢量和 Σ 信号与矢量差 Δ 信号。

然后，计算差和系数。

差和系数就是上面得到的两个极化分量信号矢量和 Σ 与矢量差 Δ 信号之间的比值，记作 $\rho_{\Sigma\Delta}$，可表示为

$$\rho_{\Sigma\Delta} = \frac{\Delta}{\Sigma} = \frac{E_{\mathrm{H}} - E_{\mathrm{V}}\,\mathrm{e}^{-\mathrm{j}\phi} - \left(E_{\mathrm{H}} + E_{\mathrm{V}}\,\mathrm{e}^{-\mathrm{j}\phi}\right)\mathrm{e}^{-\mathrm{j}\gamma}}{E_{\mathrm{H}} - E_{\mathrm{V}}\,\mathrm{e}^{-\mathrm{j}\phi} + \left(E_{\mathrm{H}} + E_{\mathrm{V}}\,\mathrm{e}^{-\mathrm{j}\phi}\right)\mathrm{e}^{-\mathrm{j}\gamma}} \tag{3.53}$$

为了实现自适应跟踪测量，需要使此差和系数满足零值或最小值条件，也就是 $\rho_{\Sigma\Delta} \approx 0$。在自适应测量模块中，对数放大的双通道接收机 216 计算矢量和差信号的比值，它通过输出矢量和 Σ 与矢量差 Δ 信号的比值信号，看其是否满足零值或最小值条件。

经过数学推导，当满足零值或最小值条件时，零值跟踪器输出的加权参数分别为

$$\gamma = 2\arctan\left(\frac{b}{a}\right) \tag{3.54}$$

$$\phi = \frac{3}{2}\pi - \alpha \tag{3.55}$$

式中：a 为水平极化分量 E_{H} 的幅度；b 为垂直极化分量 E_{V} 的幅度；α 为水平极化分量和垂直极化分量的相位差。

最后，调整参数，进行反馈式幅相加权。

由对数放大双通道接收机 216 输出的水平极化分量与垂直极化分量矢量和与矢量差信号的比值，即差和系数，即可确定两者是否满足零值条件，如果满足零值条件，就完成测量过程。如果不满足零值条件，则根据采用对数放大的双通道接收机 216 输出的两个极化分量差和系数，调整移相器 202 和 208 的移相相位，进行幅相加权。

在具体的参数调整过程中，如图 3.12 所示，零值自适应跟踪器 218 预先储存了多组极化加权变换的参数组（γ, ϕ），根据对数放大的双通道接收机 216 输出的比值，将需要调整的 γ 和 ϕ 的参数值反馈给移相器 208 和 202 进行幅相加权，通过二维搜索或遍历计算的数学方法，令差和系数达到最小值，进而获得雷达信号的极化参数。

表 3.1 列出了不同雷达回波信号不同极化状态时的极化匹配因子的分布。设 γ 有 50 个数据，ϕ 有 200 个数据，那么极化加权变换参数组（γ, ϕ）总共有 50×20

组数据。跟踪器 218 首先锁定 ϕ 为常数，并通过迭代方式调整移相器 208 来改变 γ 值，也就是将所有相同 ϕ 值，不同 γ 值时的相位参数组进行反馈式幅相加权，直到达到最小值或者零值条件。然后，跟踪器 218 再锁定 γ，对移相器 208 进行设置，并且以迭代方式或者误差跟踪模式调整移相器，从而改变 ϕ 值，这同样也是将相同 γ 值、不同 ϕ 值时的所有相位参数组进行反馈式幅相加权，直到输出比差和系数 $\rho_{\Sigma\Delta}$ 对于任意的 γ 值都是最小的。

另外，调整幅相加权参数的过程，也是极化参数自适应测量模块进行极化匹配的过程，这里以极化匹配因子来说明极化匹配与差和系数达到零值条件的关系。从表 3.1 可以看出，对于不同极化状态的雷达回波，在全极化域存在相应的接收极化，分别使极化匹配因子达到最大值和最小值。以水平极化的雷达回波信号为例，当极化匹配因子 $\rho=0$ 时，说明不匹配；当极化匹配因子 $\rho=1$ 时，说明完全匹配。而极化匹配因子 ρ 从 0～1 的变化过程中，则需要通过软件算法遍历所有的幅相加权参数组（γ,ϕ）不断调整 γ 和 ϕ 的角度，从而使得差和系数逐渐逼近零值或最小值条件，当极化匹配时，即极化匹配因子为 1 时也就达到了零值条件，完成极化参数测量过程，而雷达信号的极化参数就是从零值自适应跟踪器调整的参数 γ 和 ϕ 中测量得到。

表 3.1　不同雷达回波信号不同极化状态时的极化匹配因子的分布

极化状态	ρ_{HV} γ_{HV} ϕ_{HV} $E(hv)$	
左旋圆极化（L）	j $\dfrac{\pi}{4}$ $\dfrac{\pi}{2}$ $\dfrac{1}{\sqrt{2}}\begin{bmatrix}1\\j\end{bmatrix}$	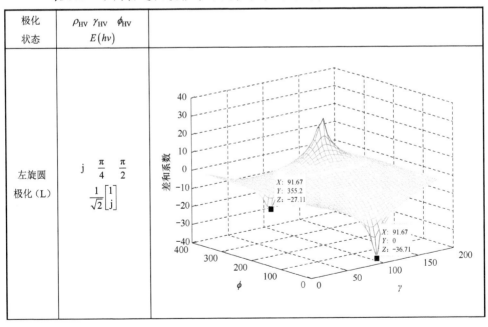

极化状态	ρ_{HV} γ_{HV} ϕ_{HV} $E(hv)$	
右旋圆极化（R）	$-j$ $\dfrac{\pi}{4}$ $-\dfrac{\pi}{2}$ $\dfrac{1}{\sqrt{2}}\begin{bmatrix}1\\-j\end{bmatrix}$	
45°线极化	1 $\dfrac{\pi}{4}$ 0 $\dfrac{1}{\sqrt{2}}\begin{bmatrix}1\\1\end{bmatrix}$	
135°线极化	-1 $\dfrac{\pi}{4}$ π $\dfrac{1}{\sqrt{2}}\begin{bmatrix}1\\-1\end{bmatrix}$	

74

（续）

极化状态	ρ_{HV} γ_{HV} ϕ_{HV} $E(hv)$	
水平线极化（H）	0 $\quad$ 0 $-\begin{bmatrix}1\\0\end{bmatrix}$	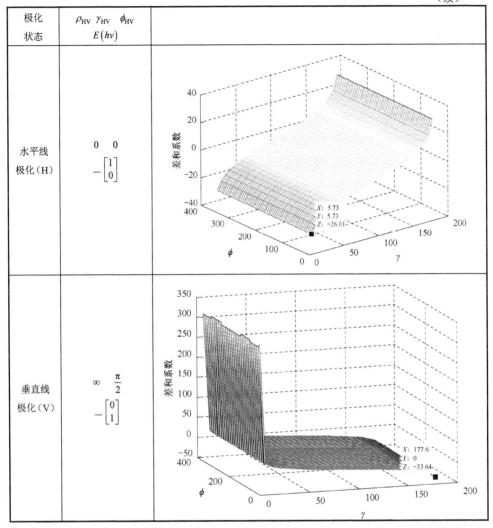
垂直线极化（V）	∞ $\quad$ $\dfrac{\pi}{2}$ $-\begin{bmatrix}0\\1\end{bmatrix}$	

第四步，达到自适应零值条件，完成测量过程。

经过第三步双极化信号和差处理，并通过自适应零值跟踪使水平极化分量和垂直极化分量和差信号的比值达到零值条件，就完成了雷达信号极化参数的瞬时测量过程。

如图 3.12 所示，自适应零值跟踪器分别反馈给移相器 202 和 208 的移相相位，就是要满足零值或最小值条件需调整的参数，同时，从第三步零值条件的关系式中也可得到极化幅度比和极化相位差为

$$\frac{b}{a} = \tan\frac{\gamma}{2} \tag{3.56}$$

$$\alpha = \frac{3}{2}\pi - \phi \qquad (3.57)$$

这两个参数也就是水平极化分量和垂直极化分量和差信号幅度比和相位差，同时，这两个参数也刻画了水平极化分量和垂直极化分量信号的极化特性。也就是说，从自适应零值跟踪器所反馈进行调整的参数 γ 和 ϕ 就可精确测量雷达信号的极化参数，如幅度比和相位差。

而对于倾角为 τ 的任意椭圆极化信号，也可以从零值条件对应于极化参数自适应测量模块移相相位的 ϕ 和 γ 中获得其倾斜角：

$$\tau = \frac{1}{2}\arctan\left[\tan(2\gamma)\cos\left(\phi - \frac{3\pi}{2}\right)\right] \qquad (3.58)$$

这样，对于任意极化特性的雷达电磁信号，上述测量方法和装置都能快速测量其极化参数。

第4章 基于极化变换的交叉极化干扰生成技术

4.1 虚拟匹配变极化发射

从工程实现角度而言，电控铁氧体变极化器可以用于发射变极化和接收变极化。由于通常情况下放大链发射机都工作在非线性状态，两路放大链发射机很难保证幅相一致，因此，采用小信号幅相加权数字处理的"虚拟匹配"方式不适合用于实现发射变极化。

从转换速度上来看："虚拟匹配"变极化方式变极化转换速率高，可达微秒量级，能够实现雷达重复周期内不同距离单元的极化捷变接收。电控铁氧体变极化器相对"虚拟匹配"方式变极化速率慢，可达毫秒量级，只能实现雷达脉间极化捷变接收。

1）电控铁氧体变极化器

采用高速全极化域电控铁氧体变极化器来实现发射变极化，其技术难点主要应解决全极化处理、大功率、低损耗、快速脉间变极化、体积不能太大的难题。具体结构主要包括：同轴-波导转换器、过渡波导、电控高速铁氧体变极化器等，如图4.1所示。

图 4.1　电控铁氧体变极化器结构图

2）铁氧体变极化原理

在铁氧体变极化技术中，常用到三种双模器件，即法拉第旋转器F，变极化器V，波形差移相器Φ。它们的正向和反向极化传输矩阵分别为

$$T_{\mathrm{F}} = \begin{bmatrix} \cos\alpha_f & -\sin\alpha_f \\ \sin\alpha_f & \cos\alpha_f \end{bmatrix} \quad T_{\mathrm{F}}^{'} = \begin{bmatrix} \cos\alpha_f & -\sin\alpha_f \\ \sin\alpha_f & \cos\alpha_f \end{bmatrix} \tag{4.1}$$

$$T_{\mathrm{V}} = \begin{bmatrix} \cos\alpha_{\mathrm{V}} & \mathrm{j}\sin\alpha_{\mathrm{V}} \\ \mathrm{j}\sin\alpha_{\mathrm{V}} & \cos\alpha_{\mathrm{V}} \end{bmatrix} \quad T_{\mathrm{V}}^{'} = \begin{bmatrix} \cos\alpha_{\mathrm{V}} & -\mathrm{j}\sin\alpha_{\mathrm{V}} \\ -\mathrm{j}\sin\alpha_{\mathrm{V}} & \cos\alpha_{\mathrm{V}} \end{bmatrix} \tag{4.2}$$

$$\boldsymbol{T}_\Phi = \begin{bmatrix} \mathrm{e}^{\mathrm{j}\varphi/2} & 0 \\ 0 & \mathrm{e}^{-\mathrm{j}\varphi/2} \end{bmatrix} \quad \boldsymbol{T}_\Phi^{'} = \begin{bmatrix} \mathrm{e}^{-\mathrm{j}\varphi/2} & 0 \\ 0 & \mathrm{e}^{\mathrm{j}\varphi/2} \end{bmatrix} \tag{4.3}$$

当输入电磁波为水平极化时，法拉第旋转器 F 的输出为 $\left[\cos\alpha_f, \sin\alpha_f\right]^{\mathrm{T}}$，即它只能得到不同方向的线极化波；变极化器 V 的输出为 $\left[\cos\alpha_{\mathrm{V}}, \mathrm{j}\sin\alpha_{\mathrm{V}}\right]$，由相位描述子和椭圆几何描述子之间的关系（$\tan 2\tau = \tan 2\gamma \cos\phi$，$\sin 2\varepsilon = \sin 2\gamma \sin\phi$）可知它是倾角为 0°、椭圆率角为 α_{V} 的椭圆。所以，为了获得全极化域的各种极化样式（即对应 Poincare 球上的不同点），需要对上述三种基本效应进行组合，组合的基本方法包括复合法和组合法。复合法把两种或多种基本效应共融在同一器件段上，如法拉第旋转器 F 和变极化器 V 两者复合为 F/V 或 (V/F)，依此类推可获得 F/Φ、V/Φ 等复合式全极化器。组合式全极化器则是把基本双模器件级联起来，例如 VF、VΦ、FΦ 等均是可实现全极化要求的组合器件。复合变极化器的结构紧凑，长度比组合式短，但幅相调整受牵引影响，幅相不是独立可调，调整上有一定难度。所以在工程上采用组合式变极化器，其缺点是结构略长，但器件各单元独立可调，无牵引效应，调试方便。

FΦ 组合式的变极化矩阵为

$$\boldsymbol{T}_{\mathrm{F}\Phi} = \boldsymbol{T}_\Phi \cdot \boldsymbol{T}_{\mathrm{F}} = \begin{bmatrix} \mathrm{e}^{\mathrm{j}\varphi/2} & 0 \\ 0 & \mathrm{e}^{-\mathrm{j}\varphi/2} \end{bmatrix} \begin{bmatrix} \cos\alpha_f & -\sin\alpha_f \\ \sin\alpha_f & \cos\alpha_f \end{bmatrix} = \begin{bmatrix} \cos\alpha_f\, \mathrm{e}^{\mathrm{j}\varphi/2} & -\sin\alpha_f\, \mathrm{e}^{\mathrm{j}\varphi/2} \\ \sin\alpha_f\, \mathrm{e}^{-\mathrm{j}\varphi/2} & \cos\alpha_f\, \mathrm{e}^{-\mathrm{j}\varphi/2} \end{bmatrix} \tag{4.4}$$

输入水平极化通过 FΦ 组合件后的输出极化为 $\boldsymbol{T}_{\mathrm{F}\Phi}\left[1,0\right]^{\mathrm{T}} = \left[\cos\alpha_f\, \mathrm{e}^{\mathrm{j}\varphi/2}, \sin\alpha_f\, \mathrm{e}^{-\mathrm{j}\varphi/2}\right]^{\mathrm{T}}$ 可见通过分别调整 α_f 和 φ，即调整 F 段和 Φ 段就可以独立地调整输出极化的极化比和相位差。

VΦ 组合式的变极化矩阵为

$$\boldsymbol{T}_{\mathrm{V}\Phi} = \boldsymbol{T}_\Phi \cdot \boldsymbol{T}_{\mathrm{V}} = \begin{bmatrix} \mathrm{e}^{\mathrm{j}\varphi/2} & 0 \\ 0 & \mathrm{e}^{-\mathrm{j}\varphi/2} \end{bmatrix} \begin{bmatrix} \cos\alpha_{\mathrm{V}} & \mathrm{j}\sin\alpha_{\mathrm{V}} \\ \mathrm{j}\sin\alpha_{\mathrm{V}} & \cos\alpha_{\mathrm{V}} \end{bmatrix} = \begin{bmatrix} \cos\alpha_{\mathrm{V}}\, \mathrm{e}^{\mathrm{j}\varphi/2} & \mathrm{j}\sin\alpha_{\mathrm{V}}\, \mathrm{e}^{\mathrm{j}\varphi/2} \\ \mathrm{j}\sin\alpha_{\mathrm{V}}\, \mathrm{e}^{-\mathrm{j}\varphi/2} & \cos\alpha_{\mathrm{V}}\, \mathrm{e}^{-\mathrm{j}\varphi/2} \end{bmatrix} \tag{4.5}$$

输入水平极化通过 VΦ 组合件后的输出极化为 $\boldsymbol{T}_{\mathrm{V}\Phi}\left[1,0\right]^{\mathrm{T}} = \left[\cos\alpha_{\mathrm{V}}\, \mathrm{e}^{\mathrm{j}\varphi/2}, \mathrm{j}\sin\alpha_{\mathrm{V}}\, \mathrm{e}^{-\mathrm{j}\varphi/2}\right]^{\mathrm{T}}$。同样可见，通过调整 α_{V} 和 φ，即调整 V 段和和 Φ 段就可以独立地调整输出极化的极化比和相位差。

VF 组合式的变极化矩阵为

$$\boldsymbol{T}_{\mathrm{VF}} = \boldsymbol{T}_{\mathrm{F}} \cdot \boldsymbol{T}_{\mathrm{V}} = \begin{bmatrix} \cos\alpha_f & -\sin\alpha_f \\ \sin\alpha_f & \cos\alpha_f \end{bmatrix} \begin{bmatrix} \cos\alpha_{\mathrm{V}} & \mathrm{j}\sin\alpha_{\mathrm{V}} \\ \mathrm{j}\sin\alpha_{\mathrm{V}} & \cos\alpha_{\mathrm{V}} \end{bmatrix} \tag{4.6}$$

输入水平极化通过 VF 组合件后的输出极化为 $\boldsymbol{T}_{\mathrm{VF}}\left[1,0\right]^{\mathrm{T}} = \begin{bmatrix} \cos\alpha_f & -\sin\alpha_f \\ \sin\alpha_f & \cos\alpha_f \end{bmatrix}$

$\begin{bmatrix} \cos\alpha_{\mathrm{V}} \\ \mathrm{j}\sin\alpha_{\mathrm{V}} \end{bmatrix}$。首先，水平极化波通过 F 后倾角变为 0°，椭圆率角为 α_{V} 的椭圆极化

$[\cos\alpha_V, \mathrm{j}\sin\alpha_V]^T$。再经过法拉第旋转使椭圆倾角为 α_f。VF 组合式变极化器通过调整椭圆几何描述实现全极化域的各种极化样式。

假设对某发射机进行改造，实现全极化域发射变极化。采用高速示波器李沙育图形的方式，直观显示发射极化状态波形。图 4.2 为控制电控高速铁氧体变极化器实现几种常见线极化电磁波输出结果，图 4.3 为控制变极化器系统得到的两种椭圆极化电磁波输出结果。

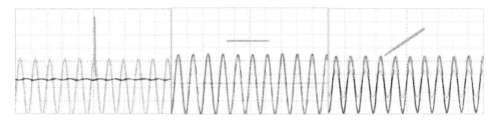

图 4.2　线极化变极化发射测试图

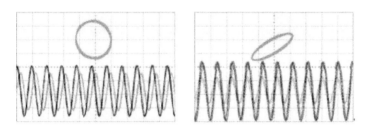

图 4.3　椭圆极化变极化发射测试图

4.2　基于反向极化变换的正交极化干扰生成

控制干扰信号极化的手段常有两种：第一种是在天线口面加装极化天线罩的无源手段，这不便于用于机载电子自卫对抗系统，因为随着飞机的运动，交叉极化干扰的极化形式必须实时地与接收到的雷达极化特性保持正交，无源控制极化的方法无法保证实时变极化的要求；第二种是通过给一对正交双极化的天线馈入相干信号，控制两个信号的幅度和相位来实现。前面说过，电磁波的极化是电场矢量的轨迹，可以看作水平矢量和垂直矢量的合成。通过控制电场的水平极化分量和垂直极化分量的幅度比、相位差，就可以实时改变信号的极化方向。图 4.4 所示为一种基于应答式的交叉极化干扰机框图。

图 4.4 中采用一对正交极化天线接收雷达信号，极化敏感元件用于测量正交极化天线接收信号，获得雷达信号的极化特性，并在干扰时通过控制极化装置对噪声信号的调制，产生与雷达信号正交极化的干扰信号。其原理看似很简单，但实际上极化敏感元件和极化控制装置并不容易设计，特别是要在数倍倍频程的宽带

微波系统上实现优于 3° 的控制精度几乎是不可能的。

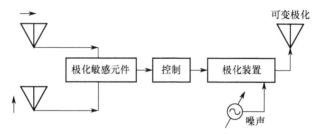

图 4.4 基于应答干扰的结构

图 4.5 所示为基于反向极化变换转发原理的自适应交叉极化干扰框图,反向结构设计和反向交叉眼的前端结构设计类似,发射和接收有一个 180° 的相位反相。但是差别在于采用一对正交极化天线接收雷达信号,并分别在与自身正交的天线上转发接收的信号,其产生正交极化干扰信号的原理可以用图 4.6 直观地表示。

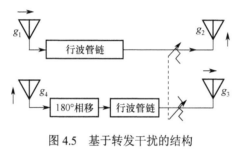

图 4.5 基于转发干扰的结构

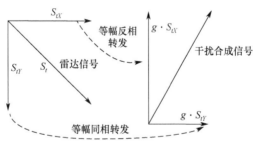

图 4.6 矢量转换图

图 4.6 表明,利用双通道反向转发产生正交极化的必要条件是:两个通道在转发过程中增益保持一致,相位差反相,相差 180°。过去,图 4.5 在工程化时也很难满足,因为行波管属于非线性器件,难以保证幅度的一致性和相位的稳定性。但随着固态功率放大器技术水平的不断提高,在不同频段上可以采用相应频段的功放,其线性放大特性得以保证一致。此外,随着数字储频技术、收发隔离技术的不断发展,干扰机不仅可以做到收发分时工作,通过特殊设计还可以实现收发同时工作,这就使转发式交叉极化干扰具备了工程实现的可能。

基于极化变换转发原理的自适应交叉极化干扰可以自适应地生成与之极化正

交的干扰信号，省却了极化估计的环节，通过收发分时/同时工作、功率放大、数字射频存储并转发给雷达，使单脉冲雷达形成错误的角度测量信息，能够有效地掩盖真实目标所在空间位置。

下面给出一种简易的技术方案：交叉极化干扰机包括接收天线、发射天线、接收系统、收发隔离装置、干扰控制系统。接收天线和发射天线均是正交双极化天线。接收天线接收的水平极化信号输入接收系统的第一通道，接收天线接收的垂直极化信号输入接收系统的第二通道。接收系统的第一通道和接收系统的第二通道的结构相同，每个通道包括依次连接的低噪声功率放大器、检波器、射频存储器，接收系统的第一通道输出至干扰控制系统的第三通道，接收系统的第二通道输出至干扰控制模块的第四通道。干扰控制系统的第三通道包括依次连接的180°移相器、功率放大器、极化隔离器，干扰控制系统的第四通道包括依次连接的0°移相器、功率放大器、极化隔离器。除此之外，还包括一个收发隔离装置，连接在接收天线和发射天线之间，收发隔离度不低于−25dB。

达到的效果及优点是：干扰机的正交极化接收天线，可以接收雷达信号的正交极化分量，进而通过干扰机的接收系统和干扰控制系统的处理，在一个脉冲重复周期内自适应的产生与雷达信号极化严格正交的干扰信号，并通过正交极化发射天线辐射出去，在远场空间合成后形成交叉极化信号。该信号被单脉冲雷达接收后，能够使雷达产生错误的测角信息。与常规的单脉冲雷达干扰技术相比，该干扰机的优势在于仅通过对雷达发射信号进行一定的干扰控制处理，就能够自适应地产生交叉极化干扰，从而比较容易的获得稳定、有效的干扰效果，大幅度降低单脉冲雷达的测角精度。自适应交叉极化干扰机的系统结构和工程实现并不复杂，而且不需要采用多个干扰机同时工作制造多点源角度欺骗干扰，一个干扰机即可达到多个干扰机同时工作的干扰效果，大大降低了干扰机研制和维护的成本，能够掩护重要目标的位置，有效提高真实目标的隐蔽能力和生存能力，样式灵活、适用范围广。

在图4.7所示的干扰器组成示意图中，干扰机的发射天线和接收天线中间连接一个收发隔离装置，收发隔离装置的收发隔离度不低于−25dB，从而保证干扰机发射干扰信号的时候不会耦合进入接收天线和接收模块。接收天线包括一个水平极化天线和一个垂直极化天线，两个天线将接收到的水平极化信号和垂直极化信号送入接收模块，完成对雷达发射信号的低噪声功率放大，包络检波和射频存储处理。接收模块的输出信号经过干扰控制模块产生干扰信号，干扰信号再通过发射天线（包括一个水平极化天线和一个垂直极化天线）将干扰信号的水平极化分量和垂直极化分量发射出去，在空间合成出极化状态与雷达信号极化状态相互正交的干扰信号，从而干扰单脉冲雷达测角。

在图4.8所示的接收模块组成示意图中，接收模块包括两个等电长度设计的基本一致的通道，每个通道包括依次连接的低噪声功率放大器、检波器、射频存储器。接收天线接收的水平极化信号输入到接收模块的第一通道，接收天线接收的垂直极化信号输入到接收模块的第二通道。

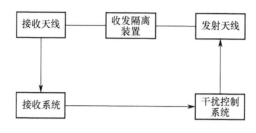

图 4.7 干扰器的组成示意图

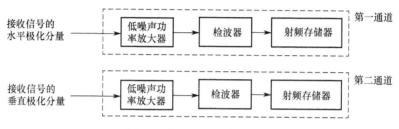

图 4.8 接收模块组成示意图

在图 4.9 所示的干扰控制模块组成示意图中，干扰控制模块包括两个通道：第三通道包括依次连接的 180° 移相器、功率放大器、极化隔离器；第四通道包括依次连接的 0° 移相器、功率放大器、极化隔离器。接收模块的第一通道输出至干扰控制模块的第三通道，接收模块的第二通道输出至干扰控制模块的第四通道。

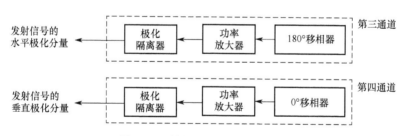

图 4.9 干扰控制模块组成示意图

另外一种收、发天线共用条件下的干扰机简易组成，如图 4.10 所示，包括收发共用天线、环形器、第一开关、接收模块、时分隔电路、第二开关和第三开关、激励放大器、干扰控制模块。其中，收发共用天线包括第一收发天线和第二收发天线，第一收发天线是水平极化的，第二收发天线是垂直极化的，两个天线连接在环形器上，环形器的输出信号通过第一开关连接在接收模块上，接收模块的输出信号按顺序依次连接在干扰控制模块、激励放大器、第二开关和第三开关上。时分隔电路有三路输出信号，分别连接第一开关、第二开关和第三开关上。在初始时刻，时分隔电路使第一开关导通，第二开关和第三开关断开，收发天线将接收到的雷达信号依次通过环形器、第一开关，输入到接收模块，当第一开关的导通时间为 $t_1 = (1 \sim 2)T$，T 为被干扰雷达的脉冲重复周期。当第一开关的导通时间完毕后，接收模块输出两路信号，一路输出触发信号给时分隔电路，时分隔电路同时发出指令信号使第一开关断开，使第二开关和第三开关导通；接收模块的第二路输出信号给干扰控制模块，干扰控制模块产生交叉极化干扰信号，输出的干扰信号依次通过激励放大器、第二开关、第三开关、环形器，最后通过收发天线将交叉极化干扰信号发射出去，发射时间为 $t_2 = (3 \sim 4)T$。当发射时间结束后，时分隔电路发出指令信号，断开第二开关和第三开关，使第一开关导通，如此循环工作。

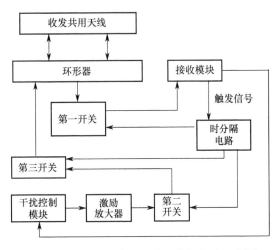

图 4.10　收发共用条件下的干扰机组成示意图

在图 4.11 所示的接收模块组成示意图中，接收模块包括两个完全相同的通道，通道包括依次连接的低噪声功率放大器、检波器、射频存储器。接收天线接收的水平极化信号输入到接收模块的第一通道，接收天线接收的垂直极化信号输入到接收模块的第二通道。

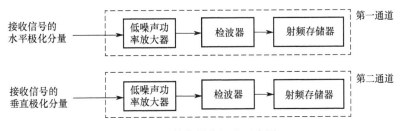

图 4.11　接收模块组成示意图

收发共用条件下的干扰机的干扰控制模块组成示意图（图 4.12）中，干扰控制模块包括两个通道：第三通道包括依次连接的 180° 移相器、功率放大器、极化隔离器；第四通道包括依次连接的 0° 移相器、功率放大器、极化隔离器。接收模块的第一通道输出至干扰控制模块的第三通道，接收模块的第二通道输出至干扰控制模块的第四通道。

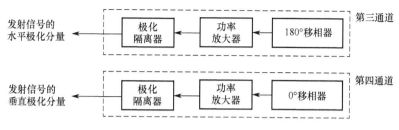

图 4.12　干扰控制模块组成示意图

无论雷达发射信号是线极化还是圆极化的，通过上述设计的干扰机能够产生交叉极化的干扰信号，干扰信号和雷达发射信号的极化状态是严格正交的，并且干扰信号幅度比雷达回波信号幅度要大，从而干扰单脉冲雷达的测角功能。

在图 4.13 所示的收发天线组成示意图中，包括一个水平极化天线 1、一个垂直极化的天线 2 和抛物面天线 3，天线 1 和喇叭天线 2 同时作为馈源放置在一个抛物面天线 3 的正前端，喇叭天线 1 和喇叭天线 2 的相位中心与抛物面天线 3 的焦点重合。收发天线可以同时接收水平极化信号和垂直极化信号，也可以用来发射水平极化信号和垂直极化信号。

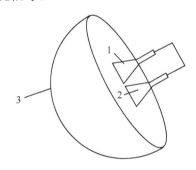

图 4.13　收发天线组成示意图

第5章 交叉极化干扰仿真试验与评估

5.1 干扰效果评估指标定义

针对交叉极化干扰的特点和干扰效果，定义了如下四个干扰效果评估的指标。

（1）**角度稳定诱偏时间**：体现干扰效果从暂态到稳态，动态变化的过程，即从交叉极化干扰开启，接收机计算的单脉冲比会在射束轴正负两侧输出一个尖峰（对应暂态干扰的极大值，形成不稳定的诱偏干扰跟踪点），在主瓣区间某个位置形成两个零值点（对应稳定诱偏跟踪点）。从导引头不稳定到导引头稳定的跟踪，再到假目标方向过程中经历的时间。由于不同导引头的伺服响应时间、天线转速是不同的，最大天线扫描速率大概在 60（°）/s 的量级，伺服响应时间在 50～100ms 量级。

（2）**瞬时最大测角误差**：当目标位于副瓣时，雷达由于信噪比不够不输出角度测量值。所以，瞬时最大测角误差是在跟踪过程中，当目标位于主瓣区间时，假目标与真目标之间的最大角度差，即某一时刻的最大测角误差。

（3）**稳定跟踪角误差**：导弹稳定跟踪后，导引头瞄准轴与真实目标之间的角偏差。

（4）**目标位于主轴时的测角误差**：目标位于单脉冲天线主轴，角度测量值与真实目标之间的偏差。

5.2 测角曲线分析

5.2.1 波束宽度 4.78°

1）天线建模

在仿真中采用的天线半功率波束宽度为 $\varphi_B = 4.78°$，天线的主极化和交叉极化归一化方向图如图 5.1 所示。从图中可以看出，交叉极化分量为-15dB，并且在主轴左右发生反相。

对振幅和差法单脉冲测角体制进行建模，振幅和差法单脉冲采用两个相同波束指向不同的方向，彼此有重叠部分，将两个波束接收的信号进行和差处理完成测角。将上述两个天线作为子天线形成单脉冲天线，子波束偏置角 $\varphi_0 = 1.91°$，图 5.2 给出了主极化的和差波束与单脉冲比。从图中可以看出，在主波束内单脉冲曲线比近似为线性，振幅和差单脉冲正是利用单脉冲比的线性部分测量目标的角度。

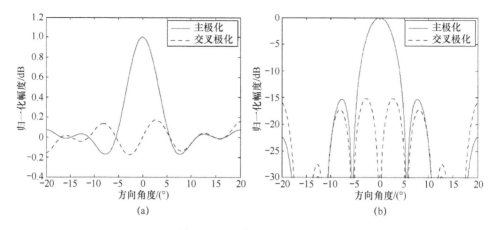

图 5.1　5×5 阵列天线方向图

（a）归一化电压方向图；（b）归一化分贝方向图。

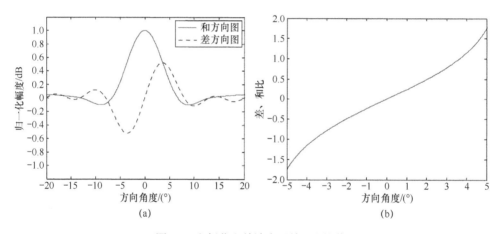

图 5.2　主极化和差波束及差、和比值

（a）主极化和差波束；（b）主极化单脉冲比。

图 5.3 给出了交叉极化的和差波束与单脉冲比曲线。从图中可以看出，在主轴附近，交叉极化分量的单脉冲比曲线与主极化分量的单脉冲比曲线相位相反，不仅导致测角值的符号相反，而且绝对值也会发生变化。

2）干信比对测角曲线的影响

图 5.4 给出了在交叉极化干扰下，不同干信比时单脉冲雷达的测角结果。从图中可以看出，在主瓣区域内，当不存在干扰时，角度测量结果与目标偏离等信号轴的角度一致，表明测角结果准确。随着干信比的增大，测角曲线产生畸变，测角值与目标实际角度差异增大。

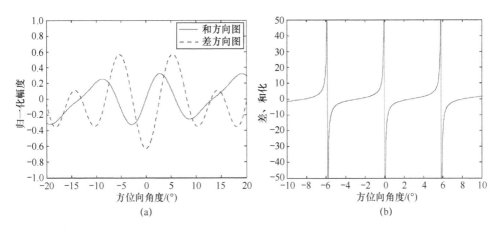

图 5.3　交叉极化和差波束及差、和比值

（a）交叉极化和差波束；（b）交叉极化和单脉冲比。

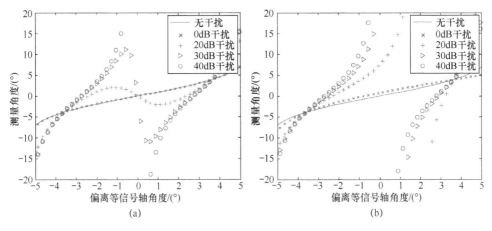

图 5.4　交叉极化干扰下单脉冲测角结果

（a）$\alpha + \beta = \pi / 2$；（b）$\alpha + \beta = \pi$。

3）跟踪点分析

以干信比 k 为 30dB、$\alpha + \beta = \pi / 2$ 为例，交叉极化干扰下的测角曲线如图 5.5 所示。根据曲线特性可知，有一个不稳定跟踪点 $B(0,0)$，有两个稳定的虚假跟踪点 $A(-2.7,0)$ 和 $C(2.7,0)$。当目标位于 B 点，即等信号轴指向目标时，测角结果与真实目标位置一致，能够进行短暂的跟踪，然而，随着弹目运动或者随机误差的影响，只要目标稍微偏离等信号轴，方向相反的测角结果会进一步驱动等信号轴向远离目标的方向运动，所以 B 点是不稳定跟踪点，只能进行短暂的跟踪。当目标位于 A 点（即-2.7°）时，雷达的单脉冲比为零，测角结果也为零，随着弹目运动或者随机误差的影响，目标偏离 A 点时，误差信号会驱动雷达的等信号轴偏转，使得目标始终位于等信号轴的-2.7°附近。所以目标位于 A 点时，雷达能够稳定跟踪在虚

87

假的目标方向，此时目标位于雷达主信号轴的-2.7°方向。当目标位于等信号轴的 C 点附近，跟踪过程与 A 点相似，稳定跟踪到虚假目标后，目标位于雷达主信号轴的 2.7° 方向。

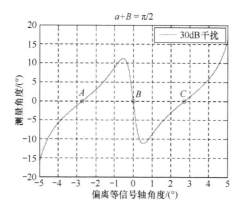

图 5.5 干信比 30dB 时的测角曲线

5.2.2 波束宽度 10°

1）天线建模

在仿真中采用的天线半功率波束宽度为 $\varphi_B = 10°$，天线的主极化和交叉极化归一化方向图如图 5.6 所示。从图中可以看出，交叉极化分量为-15dB，并且在主轴左右发生反相。

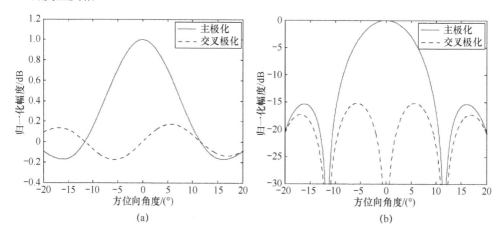

图 5.6 5×5 阵列天线方向图

（a）归一化电压方向图；（b）归一化分贝方向图。

这里对振幅和差法单脉冲测角体制进行建模，振幅和差法单脉冲采用两个相同波束指向不同的方向，彼此有重叠部分，将两个波束接收的信号进行和差处理完成测角。将两个上述天线作为子天线形成单脉冲天线，子波束偏置角 $\varphi_0 = 4°$，

88

图 5.7 给出了主极化的和差波束与单脉冲比。从图中可以看出，在主波束内单脉冲曲线比近似为线性，振幅和差单脉冲正是利用单脉冲比的线性部分测量目标的角度。

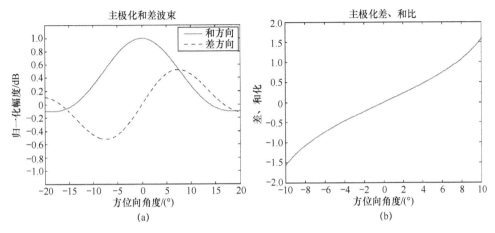

(a)　　　　　　　　　　　(b)

图 5.7　主极化和差波束及差、和比值

（a）主极化和差波束；（b）主极化单脉冲比。

图 5.8 给出了交叉极化的和差波束与单脉冲比曲线。从图中可以看出，在主轴附近，交叉极化分量的单脉冲比曲线与主极化分量的单脉冲比曲线相位相反，不仅导致测角值的符号相反，而且绝对值也会发生变化。

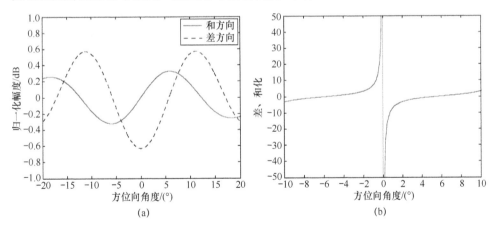

(a)　　　　　　　　　　　(b)

图 5.8　交叉极化和差波束及差、和比值

（a）交叉极化和差波束；（b）交叉极化单脉冲比。

2）干信比对测角曲线的影响

图 5.9 给出了在交叉极化干扰下，不同干信比时单脉冲雷达的测角结果。从图中可以看出，在主瓣区域内，当不存在干扰时，角度测量结果与目标偏离等信号

轴的角度一致，表面测角结果准确。随着干信比的增大，测角曲线产生畸变，测角值与目标实际角度差异增大。

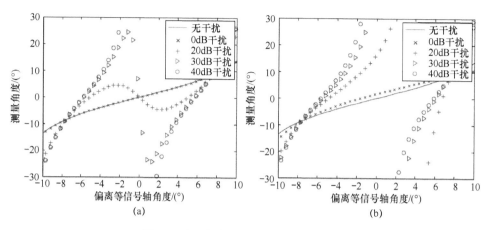

(a)　　　　　　　　　　　　　　(b)

图 5.9　交叉极化干扰下单脉冲测角结果

（a）$\alpha+\beta=\pi/2$；（b）$\alpha+\beta=\pi$。

3）跟踪点分析

以干信比 k 为 30dB、$\alpha+\beta=\pi/2$ 为例，交叉极化干扰下的测角曲线如图 5.10 所示。根据曲线特性可知，有一个不稳定跟踪点 $B(0,0)$，有两个稳定的虚假跟踪点 $A(-5.6,0)$,和 $C(5.6,0)$。当目标位于 B 点，即等信号轴指向目标时，测角结果与真实目标位置一致，能够进行短暂的跟踪，然而，随着弹目运动或者随机误差的影响，只要目标稍微偏离等信号轴，方向相反的测角结果会进一步驱动等信号轴向远离目标的方向运动，所以 B 点是不稳定跟踪点，只能进行短暂的跟踪。当目标位于 A 点，即-5.6°时，雷达的单脉冲比为零，测角结果也为零，随着弹目运动或者随机误差的影响，目标偏离 A 点时，误差信号会驱动雷达的等信号轴偏转，使得目标

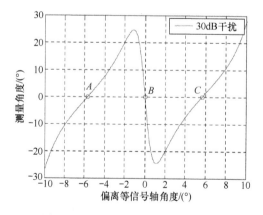

图 5.10　干信比 30dB 时的测角曲线

90

始终位于等信号轴的-5.6°附近。所以目标位于 A 点时，雷达能够稳定跟踪在虚假的目标方向，此时目标位于雷达主信号轴的-5.6°方向。当目标位于等信号轴的 C 点附近，跟踪过程与 A 点相似，稳定跟踪到虚假目标后，目标位于雷达主信号轴的 5.6°方向。

5.3　跟踪过程动态仿真分析

5.3.1　波束宽度 4.78°

假设导弹和目标距离不变，导弹根据测角结果进行角度跟踪。图 5.11 给出了

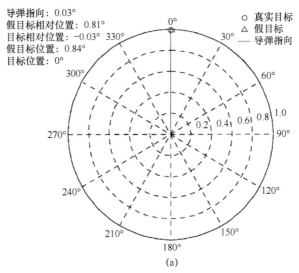

(a)

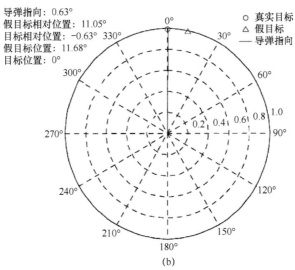

(b)

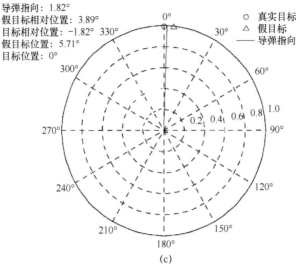

导弹指向：1.82°
假目标相对位置：3.89°
目标相对位置：-1.82°
假目标位置：5.71°
目标位置：0°

○ 真实目标
△ 假目标
— 导弹指向

(c)

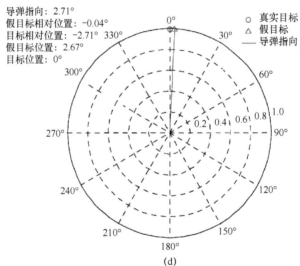

导弹指向：2.71°
假目标相对位置：-0.04°
目标相对位置：-2.71°
假目标位置：2.67°
目标位置：0°

○ 真实目标
△ 假目标
— 导弹指向

(d)

图 5.11　目标初始位置在 B 点左侧时的跟踪过程

（a）t_1；（b）t_2；（c）t_3；（d）t_4。

目标初始位置在 B 点左侧时的跟踪过程，此时目标的初始位置位于雷达主轴左侧。
从图 5.11（a）可以看出，导弹初始指向目标稍微偏右的位置，在交叉极化干扰的
影响下，导弹的测量角度迅速出现很大的误差，图 5.11（b）中，真实目标相对位
置为-3.82°，而测量的相对位置（即假目标相对位置）为 38.10°，测角结果导致
导弹向右偏转，远离目标。在导弹向右偏转的过程中，导弹逐渐稳定跟踪到假目
标上，如图 5.11（c）、（d）所示，跟踪稳定后，目标位于雷达主信号轴的-2.7°方
向，即 A 点，与前面的分析结果一致。在这个过程中，假目标和真目标位置差值

92

先增大，后减小，最后稳定于 2.71°。

图 5.12 给出了目标初始位置在 B 点右侧时的跟踪过程，此过程与图 5.11 类似，只是由于初始位置的差异，导致导弹跟踪到相反的方向。跟踪稳定后，目标位于雷达主信号轴的 2.7° 方向，即 C 点。

图 5.11 给出了目标初始位置在 B 点左侧时跟踪过程中导弹指向、目标角度和假目标角度随时间的变化关系。从图中可以看出，初始有一个短暂的跟踪过程，之后由于交叉极化的干扰，测角误差增大，出现假目标。测角误差驱动导弹向假

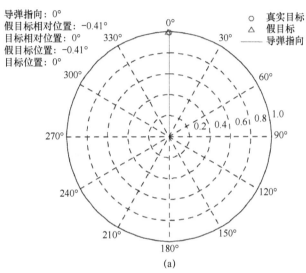

(a)

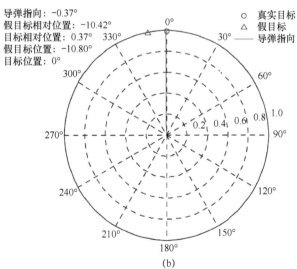

(b)

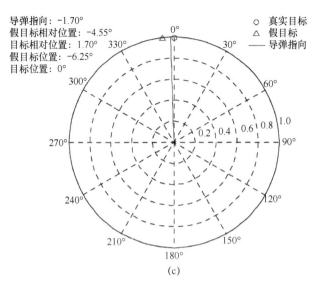

(c)

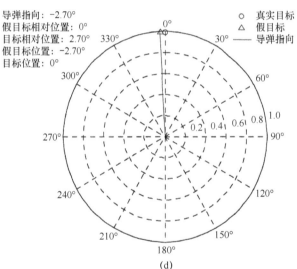

(d)

图 5.12　目标初始位置在 B 点右侧时的跟踪过程

(a) t_1；(b) t_2；(c) t_3；(d) t_4。

目标方向偏转，最终导弹稳定的跟踪到假目标方向，假目标的相对位置趋于零。导弹在向假目标方向偏转的过程中，导弹指向远离真目标，所以真目标的相对位置一直增大，最后稳定在-2.7°，此时真目标稳定于图 5.11 中的 *A* 点。图 5.13 中导弹指向、目标角度和假目标角度变化与图 5.11 类似，只是方向相反，这里不再分析。

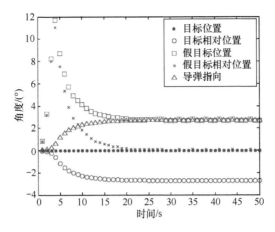

图 5.13 导弹指向、目标角度、假目标角度随时间的变化关系

5.3.2 波束宽度 10°

假设导弹和目标距离不变，导弹根据测角结果进行角度跟踪。图 5.14 给出了目标初始位置在 B 点左侧时跟踪过程，此时目标的初始位置位于雷达主轴左侧。从图 5.14（a）可以看出，导弹初始指向目标稍微偏右的位置，在交叉极化干扰的影响下，导弹的测量角度迅速出现很大的误差，图 5.14（b）中，真实目标相对位置为 -1.03°，而测量的相对位置（即假目标相对位置）为 24.51°，测角结果导致导弹向右偏转，远离目标。在导弹向右偏转的过程中，导弹逐渐稳定跟踪到假目标上，如图 5.14（c）、（d）所示，跟踪稳定后，目标位于雷达主信号轴的 -5.61° 方向，即 A 点，与前面的分析结果一致。在这个过程中，假目标和真目标位置差值先增大，后减小，最后稳定于 5.61°。

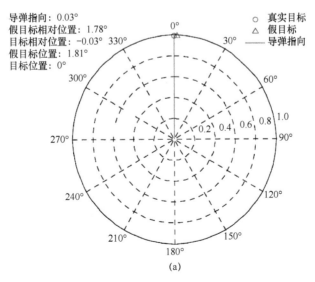

(a)

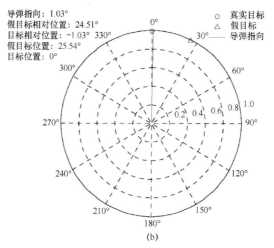

导弹指向：1.03°
假目标相对位置：24.51°
目标相对位置：−1.03°
假目标位置：25.54°
目标位置：0°

○ 真实目标
△ 假目标
—— 导弹指向

(b)

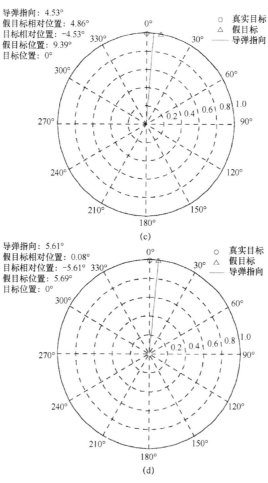

导弹指向：4.53°
假目标相对位置：4.86°
目标相对位置：−4.53°
假目标位置：9.39°
目标位置：0°

○ 真实目标
△ 假目标
—— 导弹指向

(c)

导弹指向：5.61°
假目标相对位置：0.08°
目标相对位置：−5.61°
假目标位置：5.69°
目标位置：0°

○ 真实目标
△ 假目标
—— 导弹指向

(d)

图 5.14 目标初始位置在 B 点左侧时跟踪过程

（a）t_1；（b）t_2；（c）t_3；（d）t_4。

图 5.15 给出了目标初始位置在 B 点右侧时的跟踪过程,此过程与图 5.14 类似,只是由于初始位置的差异,导致导弹跟踪到相反的方向。跟踪稳定后,目标位于雷达主信号轴的 5.69° 方向,即 C 点。

图 5.14 给出了目标初始位置在 B 点左侧时跟踪过程中导弹指向、目标角度和假目标角度随时间的变化关系。从图中可以看出,初始有一个短暂的跟踪过程,之后由于交叉极化的干扰,测角误差增大,出现假目标。测角误差驱动导弹向假目标方向偏转,最终导弹稳定的跟踪到假目标方向,假目标的相对位置趋于零。

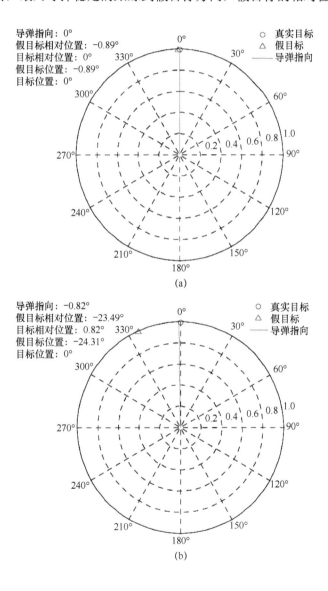

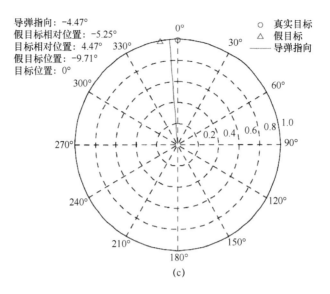

导弹指向：-4.47°
假目标相对位置：-5.25°
目标相对位置：4.47°
假目标位置：-9.71°
目标位置：0°

○ 真实目标
△ 假目标
—— 导弹指向

(c)

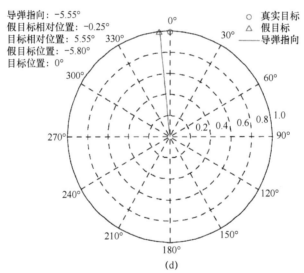

导弹指向：-5.55°
假目标相对位置：-0.25°
目标相对位置：5.55°
假目标位置：-5.80°
目标位置：0°

○ 真实目标
△ 假目标
—— 导弹指向

(d)

图 5.15　目标初始位置在 B 点右侧时的跟踪过程

(a) t_1；(b) t_2；(c) t_3；(d) t_4。

导弹在向假目标方向偏转的过程中，导弹指向远离真目标，所以真目标的相对位置一直增大，最后稳定在-5.6°，此时真目标稳定于图 5.14 中的 A 点。图 5.15 中导弹指向、目标角度和假目标角度变化与图 5.14 类似，只是方向相反，这里不再分析。图 5.16 综合了前面的实验数据，直观地反映了干扰的动态变化效果。

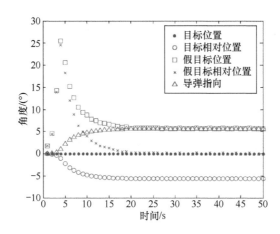

图 5.16 导弹指向、目标角度、假目标角度随时间的变化关系

5.4 干扰试验评估

假设雷达导引头波束宽度为 10°，干信比 30dB，天线交叉极化纯度为-15～30dB，进行了大量雷达导引头角跟踪仿真试验，结合 3.6.1 节的干扰效果评估指标，将干扰效果进行统计，见表 5.1。可以看出：天线的交叉极化纯度越低，交叉极化干扰越容易起效；干扰的极化偏差 γ 越小，干扰效果越好，雷达导引头的稳定跟踪误差越大。当干扰极化偏差 γ 大于 5° 时，交叉极化干扰效果急剧降低，偏差在 10° 时，交叉极化干扰完全没有干扰效果，起到了信标的作用，提高了对干扰方向和目标方向的测角精度。干扰扰极化偏差越小，角度稳定诱骗时间越短，对于自卫干扰建立的起效时间越短，否则一直处于不稳定干扰状态，不能起到稳定的干扰效果。相同的干扰极化偏差条件下，天线的极化纯度越高，引起的瞬时最大测角误差越小。这意味着，交叉极化干扰信号的正交性要求是非常严格的，尽量要求偏差为-5°～5°。

大量的数学仿真试验表明，当波束宽度为 4.78°，天线交叉极化分量为-15dB，干信比 k 为 30dB、干扰信号相位 $\alpha + \beta = \pi / 2$，瞬时最大测角误差 38.10°，稳定跟踪误差可以达到 2.7°，相当于 0.56 倍波束宽度，和 3.3 节中的理论分析结论一致。同样地，当波束宽度为 10° 时，也有类似的结论。

表 5.1 干扰效果对照表

$\alpha + \beta = \pi / 2$，干信比 30dB		目标位于主轴时的测角误差/(°)	稳定跟踪角误差/(°)	瞬时最大测角误差/(°)	角度稳定诱偏时间（步长）
交叉极化-15dB	$\gamma = 0$	0.89	5.6	25	20
	$\gamma = 5$	0.05	4.7	5.6	100
	$\gamma = 10$	0	0	0	无穷大

$\alpha+\beta=\pi/2$，干信比 30dB		目标位于主轴时的测角误差/°	稳定跟踪角误差/°	瞬时最大测角误差/°	角度稳定诱偏时间（步长）
交叉极化-20dB	$\gamma=0$	0.27	5.2	13.8	32
	$\gamma=3$	0.02	4.07	4.1	200
	$\gamma=5$	0	0	0	无穷大
	$\gamma=10$	0	0	0	无穷大
交叉极化-30dB	$\gamma=0$	0.01	3.06	3.06	400
	$\gamma=5$	0	0	0	无穷大
	$\gamma=10$	0	0	0	无穷大

通过前面 5 章的分析可以发现以下几个试验结论。

（1）单脉冲雷达天线（包括缝隙波导组成的平板天线）受结构、天线罩、天线扫描、非理想特性等多种因素的影响，会引起单脉冲天线显著的去极化效应，另外，目标对雷达照射信号的极化调制使得回波信号产生较强的去极化效应，理论分析和实测数据证明了，在多数情况下，目标回波信号中的交叉极化散射并不比共极化散射弱。

（2）单脉冲雷达的主极化的鉴角曲线（DS 曲线）和交叉极化的鉴角曲线具有不同的结构，交叉极化天线方向图的零点通常出现在主极化的方向图最大位置，两个极化波束显示出不同的方向图，当计算两个波束的幅度差时，它们的两个角度误差信号方向可能是反相的，因此，相对于视轴的同样角度位置，交叉极化方向图驱动跟踪环路到相对于主极化的反方向。复杂的方向图极化结构使得单脉冲雷达导引头的定向精度敏感于电波极化方式。

（3）DS 曲线描述了干扰后角度变化从暂态到稳态的变化过程，单脉冲接收机中交叉极化信号会引起 DS 曲线结构的畸变，畸变的程度取决于干扰信号的能量、干扰信号与雷达信号极化的正交性偏差，以及天线本身的极化隔离度。干扰方为了保证干扰的有效性，产生稳定的角度误差，必须在相对于接收信号的正交极化上发射。发射极化要求具有相对于交叉极化 5° 以内的精度，引入的最大稳定角度偏差约 0.6 倍的波束宽度。当干扰极化偏差大于 5° 时，交叉极化干扰效果急剧降低，偏差在 10° 时，交叉极化干扰完全没有干扰效果，反而起到了信标的作用。

（4）电磁场的空间矢量叠加同样使得干扰功率必须比较大才能达到干扰的效果。为了使干扰在与目标回波信号的竞争中占优势，干扰机可以先实施速度波门拖引干扰或距离波门拖引干扰，将导引头的速度门或距离门拖离目标位置，让导引头捕获从天线交叉极化通道进入的干扰信号，从而给出错误的角度指示。为保证干扰效果，可以考虑复合干扰。

（5）由于雷达载荷姿态的变化、相对运动、天线指向的变化，以及跟踪低空目标地面或海面的反射，都有可能引起干扰机处接收到的雷达照射信号的极化特性发生变化。针对极化参数变化条件下极化的自适应测量与跟踪，可采用多种雷达信号极化参数自适应测量方法，可以快速准确完成雷达极化参数的瞄准。

第 6 章　交叉极化干扰原理验证试验

在一些不涉及脉冲发射的应用中，和单脉冲类似的技术通常称为同时波瓣或者同时波瓣比较，在无线电天文学中，称为干涉测量法的技术（通过对两个或者多个分布式天线接收到信号进行相关处理，而获取辐射目标角度分布信息的技术），在广义上就可以认为是比相单脉冲的一种形式，或者更准确地称为"时间延迟比较单脉冲"，实际上就是在无源侦测广泛使用的干涉测向技术。因此，对干涉仪的干扰验证试验也具有一定代表性。

6.1　对比相干涉仪的交叉极化干扰原理与试验

现代电子战中，雷达信号侦察是实施干扰和反辐射攻击的前端和基础，通常在信号侦察中，为避免极化损失，往往采用圆极化天线。圆极化干涉仪阵列以其测向精度高和易于工程实现而得到广泛应用。目前，现有的干涉仪天线阵一般由具有相同极化特性的多个天线单元组成，当其作为反辐射攻击武器的接收前端时，其极化方式通常不能切换，因此不能测量电磁波的极化参数。如果雷达采用某种极化捷变技术，使雷达极化与反辐射导弹天线极化正交，则被动导引头就难于截获雷达波束，从而大大降低其命中精度。由于实际阵列天线各个单元不是理想的，存在一定的交叉极化耦合度，而且每个单元的隔离度都不一样，这使得干涉仪每个单元不仅能接收一部分共极化分量信号，还能够接收一部分交叉极化分量的信号。如果各单元主要的接收成分是交叉极化信号，则不同的通道之间的接收信号的相关性会下降。另外，由于非理想阵元交叉极化特性的不一致，导致不同单元主、交叉极化的相位方向图也不一致，这一差异的存在使得接收天线的极化矢量存在一定的相位差，使得接收某种极化信号并做鉴相处理时耦合了相位误差，导致测角精度的迅速下降，在低频段这一误差的影响尤为突出，甚至导致系统无法正常测角。

本章详细讨论了来波信号的极化对非理想阵元相位干涉仪的测角性能的影响，建立了干涉仪测角误差关于天线极化误差的描述模型，给出了完整的解析表达式。理论分析和仿真结果表明，由于接收天线单元极化特性不一致性的存在，导致短基线相位干涉仪在低频端测量同一信源辐射的不同极化信号到达角时会产生较大的误差。继而提出了一种工程中实用的"逐点测量逐点补偿"的方法，可有效对角度测量误差进行校准。

6.1.1　干涉仪对极化波的测角信号模型

考虑一种典型的圆极化干涉仪天线阵，其结构图和测角原理如图 6.1 所示。它由四个对称的右旋圆极化天线构成，分别用来测量来波的俯仰和方位的角度信息。各天线单元间距相等，基线长度为 d，设所有右旋圆极化天线具有相同的增益特性。若以天线单元 A 为基准，可分别写出 A、B 两天线的接收电场分量。

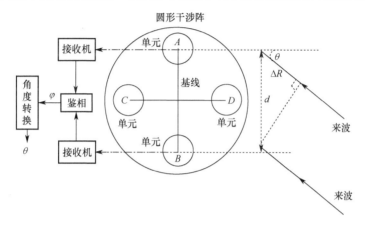

图 6.1　圆极化干涉阵列结构及测角原理示意图

设圆极化天线接收极化矢量记为 $\boldsymbol{h}_{\mathrm{r}} = \dfrac{1}{\sqrt{2}}\begin{bmatrix} 1 \\ -\mathrm{j} \end{bmatrix} = \begin{bmatrix} \cos\varepsilon_{\mathrm{r}} \\ \sin\varepsilon_{\mathrm{r}} \cdot \mathrm{e}^{\mathrm{j}\delta_{\mathrm{r}}} \end{bmatrix}$，为分析来波的极化对干涉仪接收信号和测角的影响，设信源辐射信号分别采用水平线极化 $\boldsymbol{h}_{\mathrm{t}} = \begin{bmatrix} 1 \\ 0 \end{bmatrix} = \begin{bmatrix} \cos\varepsilon_{\mathrm{t}} \\ \sin\varepsilon_{\mathrm{t}} \cdot \mathrm{e}^{\mathrm{j}\delta_{\mathrm{t}}} \end{bmatrix}$ 和垂直极化 $\boldsymbol{h}_{\mathrm{t}} = \begin{bmatrix} 0 \\ 1 \end{bmatrix} = \begin{bmatrix} \cos\varepsilon_{\mathrm{t}} \\ \sin\varepsilon_{\mathrm{t}} \cdot \mathrm{e}^{\mathrm{j}\delta_{\mathrm{t}}} \end{bmatrix}$。

根据相位干涉仪天线的极化矢量和来波的极化矢量，可分别写出 A、B 两个通道接收场的复幅度信号模型为

$$E_A = \beta G_{\mathrm{rm}} \boldsymbol{h}_{\mathrm{r1}}{}^{\mathrm{T}} \boldsymbol{h}_{\mathrm{t}} \tag{6.1}$$

$$E_B = \beta G_{\mathrm{rm}} \boldsymbol{h}_{\mathrm{r2}}{}^{\mathrm{T}} \boldsymbol{h}_{\mathrm{t}} \tag{6.2}$$

式中：$\beta = \dfrac{G_{\mathrm{r}} \sqrt{P\lambda^2}}{\sqrt{(4\pi)^2 R^2 L}}$，为在雷达接收机处得到的来波电压在一个相干处理期间内为常数，并与入射电磁波的极化和雷达接收天线的方向图类型无关。其中，G_{r} 为雷达接收天线的最大电压增益，P 为来波发射点处的发射功率，R 为来波距雷达的距离，L 为总的损耗。

考虑到天线极化特性的影响，并用 Jones 矢量的表达形式，式（6.1）、式（6.2）可进一步写为

$$E_A = \beta G_{\mathrm{rm}} \begin{bmatrix} \cos\varepsilon_{\mathrm{r1}} \\ \sin\varepsilon_{\mathrm{r1}} \cdot \mathrm{e}^{\mathrm{j}\delta_{\mathrm{r1}}} \end{bmatrix}^{\mathrm{T}} \begin{bmatrix} \cos\varepsilon_{\mathrm{t}} \\ \sin\varepsilon_{\mathrm{t}} \cdot \mathrm{e}^{\mathrm{j}\delta_{\mathrm{t}}} \end{bmatrix} \tag{6.3}$$

$$E_B = \beta G_{\mathrm{rm}} \begin{bmatrix} \cos\varepsilon_{\mathrm{r2}} \\ \sin\varepsilon_{\mathrm{r2}} \cdot \mathrm{e}^{\mathrm{j}\delta_{\mathrm{r2}}} \end{bmatrix}^{\mathrm{T}} \begin{bmatrix} \cos\varepsilon_{\mathrm{t}} \\ \sin\varepsilon_{\mathrm{t}} \cdot \mathrm{e}^{\mathrm{j}\delta_{\mathrm{t}}} \end{bmatrix} \tag{6.4}$$

如果忽略方向图以及通道间幅度相位误差的影响，只考虑极化的影响，则有

$$E_A(t) = a(t) \cdot \exp(\mathrm{j}\omega t + \phi_1 + \theta_0) \cdot$$
$$\begin{bmatrix} \cos\varepsilon_{\mathrm{r1}} & \sin\varepsilon_{\mathrm{r1}} \cdot \mathrm{e}^{\mathrm{j}\delta_{\mathrm{r1}}} \end{bmatrix} \begin{bmatrix} \cos\varepsilon_{\mathrm{t}} \\ \sin\varepsilon_{\mathrm{t}} \cdot \mathrm{e}^{\mathrm{j}\delta_{\mathrm{t}}} \end{bmatrix} \tag{6.5}$$

$$E_B(t) = a(t) \cdot \exp(\mathrm{j}\omega t + \phi_2 + \theta_0) \cdot$$
$$\begin{bmatrix} \cos\varepsilon_{\mathrm{r2}} & \sin\varepsilon_{\mathrm{r2}} \cdot \mathrm{e}^{\mathrm{j}\delta_{\mathrm{r2}}} \end{bmatrix} \begin{bmatrix} \cos\varepsilon_{\mathrm{t}} \\ \sin\varepsilon_{\mathrm{t}} \cdot \mathrm{e}^{\mathrm{j}\delta_{\mathrm{t}}} \end{bmatrix} \tag{6.6}$$

式（6.5）、式（6.6）中：$a(t)$ 为信号的振幅；ω 为入射信号的频率；θ_0 为通道的初始相位；天线的极化相位描述子 $\varepsilon_{\mathrm{r}} = 0$；$\delta_{\mathrm{r}}$ 为天线两个正交极化分量，即右旋圆极化分量超前于左旋圆极化分量的相位角；ϕ_1 为电磁波到达各天线的路程差引起的通道间的相位差。

忽略 A、B 两通道的初始相位 θ_0，式（6.5）、式（6.6）可写为

$$E_B(t) = a(t) \cdot \exp(\mathrm{j}\omega t + \phi_2 + \theta_0) \cdot$$
$$\begin{bmatrix} \cos\varepsilon_{\mathrm{r2}} & \sin\varepsilon_{\mathrm{r2}} \cdot \mathrm{e}^{\mathrm{j}\delta_{\mathrm{r2}}} \end{bmatrix} \begin{bmatrix} \cos\varepsilon_{\mathrm{t}} \\ \sin\varepsilon_{\mathrm{t}} \cdot \mathrm{e}^{\mathrm{j}\delta_{\mathrm{t}}} \end{bmatrix} \tag{6.7}$$

$$E_B(t) = a(t) \cdot \exp(\mathrm{j}\omega t + \phi_2) \cdot$$
$$\begin{bmatrix} \cos\varepsilon_{\mathrm{r2}} & \sin\varepsilon_{\mathrm{r2}} \cdot \mathrm{e}^{\mathrm{j}\delta_{\mathrm{r2}}} \end{bmatrix} \begin{bmatrix} \cos\varepsilon_{\mathrm{t}} \\ \sin\varepsilon_{\mathrm{t}} \cdot \mathrm{e}^{\mathrm{j}\delta_{\mathrm{t}}} \end{bmatrix} \tag{6.8}$$

进一步，写为

$$E_A(t) = a(t) \cdot \exp(\mathrm{j}\omega t + \phi_1) \cdot$$
$$[\cos\varepsilon_{\mathrm{t}} \cos\varepsilon_{\mathrm{r1}} + \sin\varepsilon_{\mathrm{r1}} \cdot \sin\varepsilon_{\mathrm{t}} \cdot \mathrm{e}^{\mathrm{j}(\delta_{\mathrm{t}}+\delta_{\mathrm{r1}})}] \tag{6.9}$$

$$E_B(t) = a(t) \cdot \exp(\mathrm{j}\omega t + \phi_1) \cdot$$
$$[\cos\varepsilon_{\mathrm{t}} \cos\varepsilon_{\mathrm{r2}} + \sin\varepsilon_{\mathrm{r2}} \cdot \sin\varepsilon_{\mathrm{t}} \cdot \mathrm{e}^{\mathrm{j}(\delta_{\mathrm{t}}+\delta_{\mathrm{r2}})}] \tag{6.10}$$

将式（6.9）、式（6.10）分解，可具体写为

$$E_A(t) = a(t) \cdot \cos\varepsilon_{\mathrm{t}} \cos\varepsilon_{\mathrm{r1}} \cdot \exp(\mathrm{j}\omega t + \phi_1) +$$
$$a(t) \cdot \sin\varepsilon_{\mathrm{r1}} \sin\varepsilon_{\mathrm{t}} \cdot \exp(\mathrm{j}\omega t + \phi_1 + \delta_{\mathrm{t}} + \delta_{\mathrm{r1}}) \tag{6.11}$$

$$E_B(t) = a(t) \cdot \cos\varepsilon_{\mathrm{t}} \cos\varepsilon_{\mathrm{r2}} \cdot \exp(\mathrm{j}\omega t + \phi_2) +$$
$$a(t) \cdot \sin\varepsilon_{\mathrm{r1}} \sin\varepsilon_{\mathrm{t}} \cdot \exp(\mathrm{j}\omega t + \phi_2 + \delta_{\mathrm{t}} + \delta_{\mathrm{r2}}) \tag{6.12}$$

理论上，由于来波为水平极化，所以 $\varepsilon_{\mathrm{t}} = 0$，此时 $\sin\varepsilon_{\mathrm{t}} = 0$。

实际上，在不同的观测方向上，电场矢量不仅有主极化分量，还存在交叉极

化分量，而且二者的分布规律不同，因此由于交叉极化的存在，ε_t 不可能绝对为 0，取一个很小的值，那么 $\sin \varepsilon_{r1} \sin \varepsilon_r$ 不为 0，取值 k。因此，式（6.11）、式（6.12）可近似写为

$$E_A(t) \approx \frac{a(t)}{\sqrt{2}} \cdot \exp(\mathrm{j}\omega t + \phi_1) +$$

$$k \cdot a(t) \cdot \exp(\mathrm{j}\omega t + \phi_1 + \delta_t + \delta_{r1}) \tag{6.13}$$

$$E_B(t) \approx \frac{a(t)}{\sqrt{2}} \cdot \exp(\mathrm{j}\omega t + \phi_2) +$$

$$k \cdot a(t) \cdot \exp(\mathrm{j}\omega t + \phi_2 + \delta_t + \delta_{r2}) \tag{6.14}$$

利用数字化接收机鉴相原理，基于 DFT 变换对 A、B 两路信号提取相位参数：

$$E_A(f) = \boldsymbol{DFT}\left[E_A(t)\right]$$

$$\approx \frac{A(f)}{\sqrt{2}} \cdot \mathrm{e}^{\mathrm{j}P(f)} \cdot \mathrm{e}^{\mathrm{j}\phi_1} + k \cdot A(f) \cdot \mathrm{e}^{\mathrm{j}P(f)} \cdot \mathrm{e}^{\mathrm{j}\phi_1} \cdot \mathrm{e}^{\mathrm{j}\delta t} \cdot \mathrm{e}^{\mathrm{j}\delta_{r1}} \tag{6.15}$$

$$E_B(f) = \boldsymbol{DFT}\left[E_B(t)\right]$$

$$\approx \frac{A(f)}{\sqrt{2}} \cdot \mathrm{e}^{\mathrm{j}P(f)} \cdot \mathrm{e}^{\mathrm{j}\phi_2} + k \cdot A(f) \cdot \mathrm{e}^{\mathrm{j}P(f)} \cdot \mathrm{e}^{\mathrm{j}\phi_2} \cdot \mathrm{e}^{\mathrm{j}\delta t} \cdot \mathrm{e}^{\mathrm{j}\delta_{r2}} \tag{6.16}$$

式中：$A(f)$ 为接收信号的幅度谱；$P(f)$ 为通道中基准信号的相位谱；f 为信号频率。

将幅度谱和相位谱作为公共因子提出，式（6.15）、式（6.16）可写为

$$E_A(f) \approx \frac{A(f)}{\sqrt{2}} \cdot \mathrm{e}^{\mathrm{j}P(f)} \cdot \mathrm{e}^{\mathrm{j}\phi_1}(1 + k \cdot \sqrt{2} \cdot \mathrm{e}^{\mathrm{j}\delta t} \cdot \mathrm{e}^{\mathrm{j}\delta_{r1}}) \tag{6.17}$$

$$E_B(f) \approx \frac{A(f)}{\sqrt{2}} \cdot \mathrm{e}^{\mathrm{j}P(f)} \cdot \mathrm{e}^{\mathrm{j}\phi_2}(1 + k \cdot \sqrt{2} \cdot \mathrm{e}^{\mathrm{j}\delta t} \cdot \mathrm{e}^{\mathrm{j}\delta_{r2}}) \tag{6.18}$$

由式（6.17）、式（6.18）可以发现，当两个天线的极化特性完全一致时，两个支路的相位差可以由前两个信号幅度谱的比值求得，可忽略括号内的表达式：

$$E_A(f) \approx \frac{A(f)}{\sqrt{2}} \cdot \mathrm{e}^{\mathrm{j}P(f)} \cdot \mathrm{e}^{\mathrm{j}\phi_1} \tag{6.19}$$

$$E_B(f) \approx \frac{A(f)}{\sqrt{2}} \cdot \mathrm{e}^{\mathrm{j}P(f)} \cdot \mathrm{e}^{\mathrm{j}\phi_2} \tag{6.20}$$

此时，鉴相器工作时，通过两路信号功率谱的幅度谱搜索获得信号的频率后，其频率对应处的互功率谱的相位值即是需要的相位差 $\phi = \phi_2 - \phi_1$。

该相位差反映了信源辐射的电磁在不同接收通道下的到达时间差，那么通过一般干涉仪到达角估计公式，即可估计出信源方向：

$$\theta = \arcsin\left(\frac{\lambda}{2\pi l}\phi\right) \tag{6.21}$$

6.1.2 干涉仪测角误差模型

现有的干涉仪测向理论主要建立在干涉仪各阵元的极化特性高度一致的基础上。实际应用中，由于天线加工不理想，使得两阵元天线的极化特性存在一定的差异，表现为实测的阵元之间极化方向图在正交极化基下的幅度特性和相位特性的不一致，即阵元的空域极化特性存在差异，该不一致性又严格依赖于空域观测角，这使得对信号进行鉴相处理时引入一定的相位偏差。该误差主要取决于阵元的极化幅度特性、相位特性的不一致性，实测的阵列各单元交叉极化幅度和相位方向图具有比较明显的差异，下面着重分析非理想阵元极化特性对干涉仪角度测量精度的影响。

考虑到两个接收天线阵元间由交叉极化引起的极化特性的差异，则两个接收阵元的极化矢量可统一建模表示为

$$\boldsymbol{h}_n = \begin{bmatrix} \cos\varepsilon_r \\ \sin\varepsilon_r(1+\delta)\,\mathrm{e}^{\mathrm{j}\delta_r}\,\mathrm{e}^{\mathrm{j}\gamma} \end{bmatrix} = \begin{bmatrix} 1 \\ \tan\varepsilon_r(1+\delta)\,\mathrm{e}^{\mathrm{j}\delta_r}\,\mathrm{e}^{\mathrm{j}\gamma} \end{bmatrix} \tag{6.22}$$

式中：δ 为天线单元之间的正交极化分量幅度之间的差异；γ 为各单元交叉极化方向图相位的不一致因子。这是关于观测方位角度变化的函数，从实测的结果可以看出在主瓣宽度内，相位方向图的差异表现不明显，在主瓣宽度以外，相位方向图间差异起伏较大。

由式（6.22）可以得到，两接收天线单元对某种固定极化信号的接收模型可用式（6.23）表示：

$$\begin{aligned} E_n(t) &= a(t)\cdot\exp(\mathrm{j}\omega t + \varphi_n)\cdot\begin{bmatrix} 1 \\ \tan\varepsilon_r(1+\delta)\,\mathrm{e}^{\mathrm{j}\delta_r}\,\mathrm{e}^{\mathrm{j}\gamma} \end{bmatrix}^{\mathrm{T}}\begin{bmatrix} \cos\varepsilon_t \\ \sin\varepsilon_t\,\mathrm{e}^{\mathrm{j}\delta_t} \end{bmatrix} \\ &= a(t)\cdot\exp(\mathrm{j}\omega t + \varphi_n)\cdot\left[\cos\varepsilon_t + \tan\varepsilon_r(1+\delta)\,\mathrm{e}^{\mathrm{j}\delta_r}\,\mathrm{e}^{\mathrm{j}\gamma}\sin\varepsilon_t\,\mathrm{e}^{\mathrm{j}\delta_t}\right] \end{aligned} \tag{6.23}$$

当来波为水平极化时，$\varepsilon_t = 0$，δ_t 为任意值。

$$\begin{aligned} E_n(t) &= a(t)\cdot\exp(\mathrm{j}\omega t + \varphi_n)\cdot\begin{bmatrix} 1 \\ \tan\varepsilon_r(1+\delta)\,\mathrm{e}^{\mathrm{j}\delta_r}\,\mathrm{e}^{\mathrm{j}\gamma} \end{bmatrix}^{\mathrm{T}}\begin{bmatrix} \cos\varepsilon_t \\ \sin\varepsilon_t\,\mathrm{e}^{\mathrm{j}\delta_t} \end{bmatrix} \\ &= a(t)\cdot\exp(\mathrm{j}\omega t + \varphi_n)\cdot\left[1 + \tan\varepsilon_r(1+\delta)\,\mathrm{e}^{\mathrm{j}\delta_r}\,\mathrm{e}^{\mathrm{j}\gamma}\sin 0\cdot\mathrm{e}^{\mathrm{j}\delta_t}\right] \\ &= a(t)\cdot\exp(\mathrm{j}\omega t + \varphi_n) \end{aligned} \tag{6.24}$$

当来波为垂直极化时，$\varepsilon_t = \pi/2$，δ_t 为任意值。

$$\begin{aligned} E_n(t) &= a(t)\cdot\exp(\mathrm{j}\omega t + \varphi_n)\cdot\begin{bmatrix} 1 \\ \tan\varepsilon_r(1+\delta)\,\mathrm{e}^{\mathrm{j}\delta_r}\,\mathrm{e}^{\mathrm{j}\gamma} \end{bmatrix}^{\mathrm{T}}\begin{bmatrix} \cos\varepsilon_i \\ \sin\varepsilon_t\,\mathrm{e}^{\mathrm{j}\delta_t} \end{bmatrix} \\ &= a(t)\cdot\exp(\mathrm{j}\omega t + \varphi_n)\cdot\left[1 + \tan\varepsilon_r(1+\delta)\,\mathrm{e}^{\mathrm{j}\delta_r}\,\mathrm{e}^{\mathrm{j}\gamma}\sin 0\cdot\mathrm{e}^{\mathrm{j}\delta_t}\right] \end{aligned} \tag{6.25}$$

当来波为左旋圆极化时，$\varepsilon_t = \pi/4$，$\varepsilon_t = \pi/2$。

$$E_n = a(t) \cdot \exp(\mathrm{j}\omega t + \varphi_n) \cdot \begin{bmatrix} 1 & \tan\varepsilon_r(1+\delta)\,\mathrm{e}^{\mathrm{j}\delta_r}\,\mathrm{e}^{\mathrm{j}\gamma} \end{bmatrix} \begin{bmatrix} \dfrac{1}{\sqrt{2}} \\[2mm] \dfrac{\mathrm{j}}{\sqrt{2}} \end{bmatrix}^{*} \qquad (6.26)$$

$$= \frac{1}{\sqrt{2}}\,a(t)\cdot\exp(\mathrm{j}\omega t + \varphi_n)\cdot\left[1 - (1+\delta)\,\mathrm{e}^{\mathrm{j}\gamma}\right]$$

由式（6.24）可以看出，当来波信号为水平线极化时，由第 6.1.1 节的分析和比相干涉仪的工作原理可知，接收信号 E_1、E_2 的相位差即为二者真实的相位差 $\varphi_2 - \varphi_1$，即能够精确测角。但是，当改变来波极化为垂直极化或其他极化时，由式（6.25）可看出，由于阵元间的极化特性 h_1 和 h_2 不完全相同，导致接收信号 E_1 和 E_2 之间的相位差不能反映二者真实的相位差，鉴相后相位为 $\varphi_2 - \varphi_1 + \gamma$，引入了单元极化误差角度 γ，使得干涉仪角度测量精度下降。当来波为正交极化——左旋圆极化时，理想情形下若没有单元极化误差角度 γ，则接收信号电平变为 0，仅剩下接收机内部噪声，使得干涉仪无法测角。实际上由于非理想阵元特性的作用，并且来波极化会在一定程度上偏离左旋圆极化，使得各单元能检测到信号，但仍存在极化误差引起的鉴相误差。

对于入射信号为任意圆极化或者任意线极化时，将幅度不一致性误差 $(1+\delta)$ 简写为 k，根据式（6.23）可写出 A、B 阵元的接收复电压信号分别为

$$E_A(t) = a(t)\cdot\exp(\mathrm{j}\omega t + \varphi_n)\cdot\left[\cos\varepsilon_t + \tan\varepsilon_r(1+\delta)\,\mathrm{e}^{\mathrm{j}\delta_r}\,\mathrm{e}^{\mathrm{j}\gamma}\sin\varepsilon_t\,\mathrm{e}^{\mathrm{j}\delta_t}\right]$$

$$= \left(\cos\varepsilon_t - \mathrm{j}k_1\sin\varepsilon_t\,\mathrm{e}^{\mathrm{j}(\delta_t+\gamma_1)}\right)\cdot a(t)\cdot\exp(\mathrm{j}\omega t + \varphi_n)$$

$$= \sqrt{\left[\cos\varepsilon_t + k_1\sin\varepsilon_t\sin(\gamma_1+\delta_t)\right]^2 + \left[k_1\sin\varepsilon_t\cos(\gamma_1+\delta_t)\right]^2}\,\exp(\mathrm{j}\phi_1)$$

$$= \sqrt{(\cos\varepsilon_t)^2 + (k_1\sin\varepsilon_t)^2 + 2k_1\sin\varepsilon_t\cos\varepsilon_t\sin(\gamma_1+\delta_t)}\,\exp(\mathrm{j}\phi_1) \qquad (6.27)$$

$$\phi_1 = \arctan\left[\frac{-k_1\sin\varepsilon_t\cos(\gamma_1+\delta_t)}{\cos\varepsilon_t + k_1\sin\varepsilon_t\sin(\gamma_1+\delta_t)}\right] \qquad (6.28)$$

同理：

$$E_B(t) = a(t)\cdot\exp(\mathrm{j}\omega t + \varphi_n)\cdot\left[\cos\varepsilon_t + \tan\varepsilon_r(1+\delta)\,\mathrm{e}^{\mathrm{j}\delta_r}\,\mathrm{e}^{\mathrm{j}\gamma}\sin\varepsilon_t\,\mathrm{e}^{\mathrm{j}\delta_t}\right]$$

$$= \sqrt{(\cos\varepsilon_t)^2 + (k_2\sin\varepsilon_t)^2 + 2k_2\sin\varepsilon_t\cos\varepsilon_t\sin(\gamma_2+\delta_t)}\,\exp(\mathrm{j}\phi_2) \qquad (6.29)$$

$$\phi_2 = \arctan\left[\frac{-k_2\sin\varepsilon_t\cos(\gamma_2+\delta_t)}{\cos\varepsilon_t + k_2\sin\varepsilon_t\sin(\gamma_2+\delta_t)}\right] \qquad (6.30)$$

式中：ϕ_1、ϕ_2 为两路信号待测定的相位。

因此，相位的测量误差将由来波的极化状态 (ε_t,δ_t) 以及干涉仪天线单元极化特性的差异共同确定，包括幅度差异 k_1、k_2 和相位差异 γ_1、γ_2。此时，考虑该误差，根据一般干涉仪入射角计算公式 θ 为

$$\theta = \arcsin\left(\frac{\lambda(\phi_2 - \phi_1)}{2\pi d}\right) \tag{6.31}$$

式中：λ 为入射信号的波长；d 为相位干涉仪基线长度。

根据已知参数，干涉仪接收信号范围为 0.3～18GHz，也即 λ 为：0.016～1m，基线 d 长度为 0.24m。

对式（6.31）求导：

$$\mathrm{d}\theta = \frac{\lambda}{2d\pi\sqrt{1 - \dfrac{\lambda^2\phi^2}{4d^2\pi^2}}}\mathrm{d}\phi = \frac{\lambda}{2d\pi\sqrt{1 - \sin^2\theta}}\mathrm{d}\phi = \frac{\lambda \cdot \mathrm{d}\phi}{2d\pi \cdot \cos\theta} \tag{6.32}$$

由式（6.30）～式（6.32）可以看出，视场角范围内测向精度与信号的入射角 θ 有关，越靠近视轴测向精度越高。测向精度还取决于基线长度 d 与波长 λ 的比值，以及鉴相引起的相位测量误差 $\mathrm{d}\phi$。基线与波长比值越大，测向精度越高。λ/d 越大，由 $\mathrm{d}\phi$ 引起的 $\mathrm{d}\theta$ 越大，即入射信号频率越低，极化特性误差引起的测向误差越大。

6.1.3 校准方法

简便有效的阵列误差校正方法在实际工程应用中具有重要的意义，早期的阵列校正方法通常是在阵列远场离散方位点上设置辅助信源，并对阵列流型直接进行离散测量、内插。实际上，阵列流型反映了整个阵列观测区间内阵列的空间响应，其测量与内插不仅和阵元位置、电磁参数以及信源方位、频率等参数有关，还与极化参数有关。

在对阵列导向矢量进行建模时，通常假设构成阵列的阵元为复增益相同的全向天线。但实际工程应用中，由于天线加工精度的误差，各阵元的方向图是不可能完全相同的，同时，由于非理想单元交叉极化特性的影响，使得各阵元的极化特性存在一定的差异。因此，对阵列误差及其建模过程中，不仅要考虑阵元通道的幅相误差、位置误差、阵元互耦，还要考虑阵元极化误差。极化方向图不一致性的存在需要对原有的阵列导向矢量进行修正，引入关于方位依赖的幅度和相位上的扰动 $\boldsymbol{W}(\varphi_i)$，并设 $\boldsymbol{K}_M = \begin{bmatrix} 1 & 0 \\ 0 & k_M\,\mathrm{e}^{\mathrm{j}\Delta\delta_M} \end{bmatrix}$ 是第 M 个天线单元的极化误差矩阵。则导向矢量表示如下：

$$\tilde{a}(\varphi_i, \boldsymbol{\rho}) = \left[w_1(\varphi_i)\ w_2(\varphi_i)\,\mathrm{e}^{\mathrm{j}2\pi f_0\tau_2(\varphi_i \cdot \boldsymbol{\rho})} \cdots w_M(\varphi_i)\,\mathrm{e}^{\mathrm{j}2\pi f_0\tau_M(\varphi_i \cdot \boldsymbol{\rho})} \right]^{\mathrm{T}} = \boldsymbol{W}(\varphi_i)\bullet a(\varphi_i, \boldsymbol{\rho}) \tag{6.33}$$

式中：$\tau_i(\varphi_i, \boldsymbol{\rho}) = \dfrac{1}{c}r_i^{\mathrm{T}}v_j$ 为信源 j 到达阵元 i 相对于坐标原点的时延，r_i 为阵元 i 的坐标矢量，v_j 为信源 j 的方向矢量。

式（6.33）中，

$$\boldsymbol{W}(\varphi_i) = \begin{bmatrix} w_1(\varphi_i) & w_2(\varphi_i) & \cdots & w_M(\varphi_i) \end{bmatrix}^{\mathrm{T}} = \boldsymbol{K}\big[G(\varphi_i) \cdot h(\varphi_i)\big]^{\mathrm{T}}.$$

$$\begin{bmatrix} F_{1p}(\varphi_n)\cos\gamma & F_{2p}(\varphi_n)\cos\gamma & \cdots & F_{Mp}(\varphi_n)\cos\gamma \\ F_{1q}(\varphi_n)\sin\gamma\,\mathrm{e}^{\mathrm{j}\eta}\,k_1\,\mathrm{e}^{\mathrm{j}\Delta\delta_1} & F_{2q}(\varphi_n)\sin\gamma\,\mathrm{e}^{\mathrm{j}\eta}\,k_2\,\mathrm{e}^{\mathrm{j}\Delta\delta_2}\cdots & F_{Mq}(\varphi_n)\sin\gamma\,\mathrm{e}^{\mathrm{j}\eta}\,k_M\,\mathrm{e}^{\mathrm{j}\Delta\delta_M} \end{bmatrix}^{\mathrm{T}} \quad (6.34)$$

式中：$\boldsymbol{K}_M = \begin{bmatrix} 1 & 0 \\ 0 & k_M\,\mathrm{e}^{\mathrm{j}\Delta\delta_M} \end{bmatrix}$ 为第 M 个天线单元的极化误差矩阵；$w_i(\varphi_i)$ 为阵元 i 在不同观测方位 φ_n 处的天线对共极化和交叉极化响应。

为不失一般性，考虑阵列远场有单个窄带点源以平面波入射，其方位矢量为 $\bar{\boldsymbol{\theta}}$，阵元数目为 2，相应地，存在阵元极化方向图误差时，阵列流型矩阵修正如下：

$$\begin{aligned}
\tilde{A} &= \begin{bmatrix} \tilde{a}(\bar{\boldsymbol{\theta}}, \boldsymbol{\rho}) \end{bmatrix} = \begin{bmatrix} F_{1p}(\varphi_n)\cos\gamma & F_{2p}(\varphi_n)\cos\gamma \\ F_{1q}(\varphi_n)\sin\gamma\,\mathrm{e}^{\mathrm{j}\eta} & F_{2q}(\varphi_n)\sin\gamma\,\mathrm{e}^{\mathrm{j}\eta} \end{bmatrix}^{\mathrm{T}} a(\bar{\boldsymbol{\theta}}) \\
&= \begin{bmatrix} F_{1p}(\varphi_n)\cos\gamma & F_{2p}(\varphi_n)\cos\gamma \\ F_{1q}(\varphi_n)\sin\gamma\,\mathrm{e}^{\mathrm{j}\eta}\,k_1\,\mathrm{e}^{\mathrm{j}\Delta\delta_1} & F_{2q}(\varphi_n)\sin\gamma\,\mathrm{e}^{\mathrm{j}\eta}\,k_2\,\mathrm{e}^{\mathrm{j}\Delta\delta_2} \end{bmatrix}^{\mathrm{T}} \begin{bmatrix} 1 & \mathrm{e}^{\mathrm{j}2\pi f_0 \tau_2(\bar{\boldsymbol{\theta}}\cdot\boldsymbol{\rho})} \end{bmatrix}^{\mathrm{T}} \\
&= \begin{bmatrix} F_{1p}(\varphi_n)\cos\gamma(\varphi_n) & F_{1p}(\varphi_n)\sin\gamma(\varphi_n)\,\mathrm{e}^{\mathrm{j}\eta(\varphi_n)} \\ F_{2q}(\varphi_n)\cos\gamma(\varphi_n) & F_{2q}(\varphi_n)\sin\gamma(\varphi_n)\,\mathrm{e}^{\mathrm{j}\eta(\varphi_n)} \end{bmatrix} \begin{bmatrix} 1 & \mathrm{e}^{\mathrm{j}2\pi f_0 \tau_2(\bar{\boldsymbol{\theta}}\cdot\boldsymbol{\rho})} \end{bmatrix}^{\mathrm{T}} \quad (6.35)
\end{aligned}$$

由式（6.35）可以看出，对于每个观测时刻，每个阵元对应的正交极化分量的幅度和相位误差 $k_M\,\mathrm{e}^{\mathrm{j}\Delta\delta_M}$ 均不同，是一个关于观测方位 φ_n 的函数，那么该相位差的不一致性也是关于 φ_n 的函数，因此，这种误差是无法用简单的校正固定幅相误差的方法加以校正的。

实际上，针对每个确定的 φ_n，将此 φ_n 看作一个常量，等效为该观测方位下通道幅、相失衡误差，是方位无关的相位误差，可用对角幅相误差矩阵 $\boldsymbol{\Gamma} = \begin{bmatrix} 1 & \Gamma_2 \end{bmatrix}^{\mathrm{T}}$ 表示，然后利用幅相误差校正的方法，引入一个方位已知的辅助信源 $\bar{\theta}_n$，然后建立干涉仪接收数据和阵列协方差矩阵，通过对阵列协方差矩阵求解，得到该观测角度下的量测误差。

引入不同方位已知的辅助信源 $\bar{\theta}_n$（覆盖角度测量空域），重复上述求解过程即可求解出每个观测角度下的鉴相误差，将该误差作为先验知识存储在鉴相器中用于补偿，从而修正测角误差。

6.1.4 仿真分析

为了定量地分析来波极化、非理想阵元极化特性对干涉仪测角精度的影响，我们对不同的实验条件的测角误差进行了大量的仿真实验。仿真实验考虑如下场景，测角系统是以 4 个右旋圆极化天线构成的二维干涉仪，几何结构如图 6.1 所示，覆盖频率方位范围为 0.3～18GHz，即 λ 为 0.016～1m，基线 d 长度为 0.3m。当来波分别为水平和垂直极化时，来波真实角度为 20°，在该观测角度下，非理想阵元间的相位非一致性误差为 10°，分析测角误差随频率的变化规律如图 6.2 所示，理论分析和计算结果表明测角误差与入射波的极化状态有关，特别地，当入射信号是水平极化状态时，测角误差很小，理论上不存在误差。当入射信号为垂直极化时，测角误差与系统相位误差有关；当在其他极化状态时，与阵元的幅度、相位误差都有关，如图 6.3 所示，当信噪比误差 9dB 时，来波的极化遍历各极化状态，测角误差的均值随极化矢量的变化规律。当来波极化接近垂直极化和左旋圆极化所对应的极化矢量时，测角性能迅速下降，测角误差增大。通过数值计算，当真实来波到达角从 0°～90° 均匀变化时，可以得到测角误差随频率和到达角的变化关系如图 6.4 所示。图 6.5 给出了测向误差随阵元极化相位差和信号波长的变化情况。用第 6.1.3 节给出的方法，假设相位干涉仪中不同天线单元间相位方向图的不一致性已经测得，并且该误差可用于校准鉴相器误差，那么校准后的干涉仪角度测量误差的分布图如图 6.6 所示，从图中可以看出测角误差得到了明显的抑制，校正后的结果能够满足系统的测角精度要求。

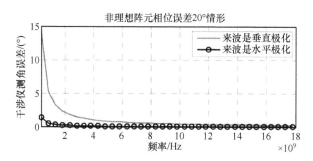

图 6.2 信号频率为 0.3～8GHz 时测角误差

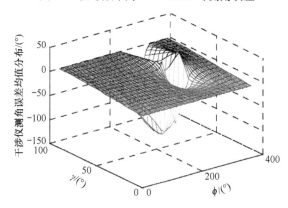

图 6.3 测角误差与来波极化、频率的关系（见彩图）

在工程实际中，天线的交叉极化特性往往是被忽略的因素，要想将交叉极化鉴别量做到-40dB 十分困难，即使工艺水平能够达到很高要求，其极化纯度也会随观测方向发生较大变化，一般，第一副瓣的交叉极化会较主瓣上升 20dB 以上。

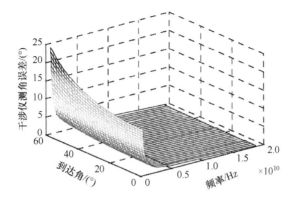

图 6.4　测角误差与信号频率、波达角的关系（见彩图）

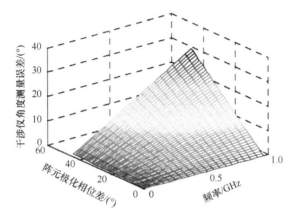

图 6.5　测角误差与阵元极化相位差、信号波长间的关系（见彩图）

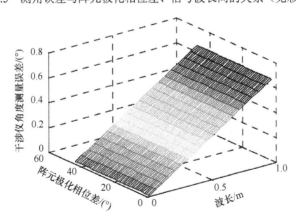

图 6.6　误差补偿后测角误差与阵元极化相位差、波长间的关系（见彩图）

因此，由于天线的不理想，难以避免地使得天线单元之间的极化特性存在不一致性。因此，结合上述的理论分析以及大量的仿真分析，可以得到以下结论：由于非理想阵元交叉极化特性的不一致，导致不同单元主、交叉极化的相位方向图不一致，使得各个单元的复极化比的幅度和相位不一致，这使得接收某种极化信号并做鉴相处理时耦合了一个相位误差，导致测角精度的迅速下降，在低频段，这一误差的影响尤为突出，甚至导致系统无法正常测角，同时该误差还敏感于来波信号的极化。

上述仿真数据表明：①天线单元的极化特性不一致，特别是极化比的相位特性不一致是产生测角误差的主要原因；②测角误差与入射波的极化状态有关，当入射信号是水平极化状态时，理论上不存在测角误差，当入射信号是垂直极化时，测角误差只与系统相位误差有关，而当来波在其他极化状态时，与幅度、相位误差都有关；③测角误差还与入射信号的频率有关，频率越低，测角误差越大。特别地：当基线长度 d、入射方向 θ 及鉴相误差 $d\varphi$ 一定时，频率越低，测角误差 $d\theta$ 越大；当频率和鉴相误差 $d\varphi$ 及入射角度 θ 一定时，基线长度越小，测角误差 $d\theta$ 越大；当基线长度 d、波长 λ 及鉴相误差 $d\varphi$ 一定时，信号入射角度 θ 越大，测角误差 $d\theta$ 越大。下面通过实际干扰试验加以验证。

6.2　对多基线比相干涉仪样机的干扰试验

2019 年 3 月，在英国皇家军种研究所举办的空战生存能力研讨会上，英国国防学院的 Loannis Vagias 做了题为《雷达电子战的未来：超越单基地应用》的专题报告，报告中专门提到了对 ESM 干涉仪（比相接收机）的干扰和欺骗，这说明外军电子战装备可能通过某种技术手段，具备了对无源测向定位系统的欺骗干扰能力，并可能持续发展。2018 年，为了验证 6.1 节理论分析与建模的正确性，项目组针对某宽带无源测向模拟器开展了测试，该 ESM 系统采用多基线干涉仪比幅、比相处理获取辐射源的角度信息，这次试验初步验证了交叉极化干扰对干涉仪测角系统的角度欺骗干扰效果。

6.2.1　试验设计

（1）试验设备：标准信号源、对数周期天线、天线支架、干涉仪测向模拟器、微波暗室、天线转台、数据采集系统。

（2）试验内容：干涉仪测向模拟器采用的是 45° 斜极化天线阵元，可以连续测量信号源的角度。信号源固定在微波暗室某位置不动，发射不同频点的连续波信号，干涉仪测向模拟器被安装在转台上，在一定的角度区间连续旋转，通过接收信号来获取信号的角度位置信息。测试中，调整信号源发射天线的机械安装方向，可以分别形成 45° 线极化（与干涉仪测向模拟器的极化完全匹配）和 135° 线极化（与干涉仪测向模拟器的极化完全正交）。135° 线极化接收时，略微调整信号源发生功率，使信号功率可以超过干涉仪系统的检测门限。通过上述操作可以测试出干涉仪测向模拟器在两种正交极化状态下方位测量输出的情况。

（3）试验步骤：干涉仪测向模拟器在转台上连续旋转，对超过接收机灵敏度和检测门限的信号进行连续测角。试验场景如图6.7所示。

图6.7　试验布局和干扰天线实景图

6.2.2　试验数据分析

干涉仪测向模拟器的天线是由许多天线单元组成的一维线阵，外面有一个天线罩。将其中某一个天线单元拆下来进行测试，选取两个频点，图6.8所示为通过微波暗室的天线测量系统中获得的方向图测试结果，分别为0.5GHz和1.4GHz频率下的实测方向图。可以看出，每个单元极化隔离度很高，接收功率是-55～-35dB，说明天线本身对交叉极化信号隔离度很高。

天线的远场分布低频-E.nsi

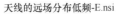

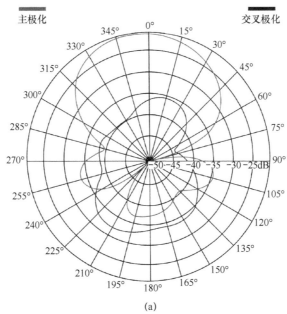

主极化　　　　　　　　　　　　　　交叉极化

(a)

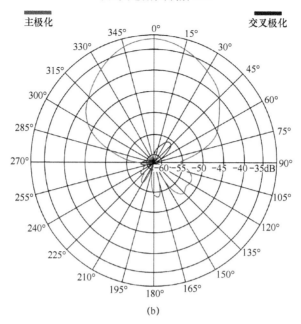

图 6.8　实测的干涉仪天线极化方向图（见彩图）

（a）0.5GHz 频率；（b）1.4GHz 频率。

　　通过对整机进行测试，得到了干涉仪测向接收机在干扰前后的输出功率如图 6.9 所示。可以看到，干扰前接收功率是-50～-40dBm，干扰后接收功率下降了10dB，这说明整个天线对交叉极化干扰信号的隔离并没有达到 20dB 以上，大部分干扰能量也能完全进入接收机，还有一种可能就是干扰信号可能并不完全是 135° 的正交极化。如图 6.10～图 6.12，可以通过干扰前后的测角输出分析干扰效果。

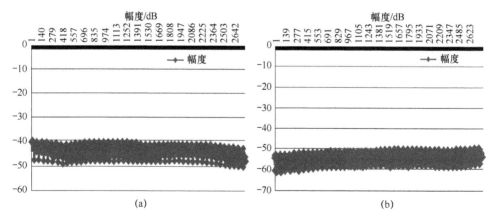

图 6.9　测向接收机输出功率（均超过检测门限）（见彩图）

（a）干扰前；（b）干扰后。

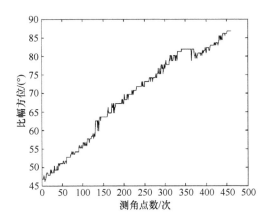

图 6.10　干扰前方位测量的连续变化

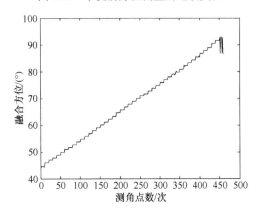

图 6.11　干扰前方位测量的连续变化

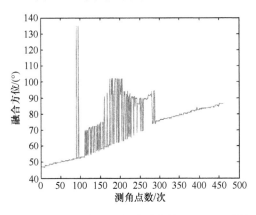

图 6.12　干扰后方位测量的连续变化（1.4GHz 频点）

　　图 6.10～图 6.12 给出了在 1.4GHz 频点下，干涉仪测向模拟器在干扰前、后方位测量的连续变化情况。从图 6.11 可以看出，该系统通过对比幅测角和比相测角的结果进行融合，降低了测角误差，提高了测角精度。当信号源相对于干涉仪

测向模拟器的角度从 45°偏转到 90°时，连续的测角输出曲线更加平滑。当转台进行顺时针旋转时，图 6.12 给出了干扰后方位测量的连续变化，可以看出，比幅和比相融合后的角度测量曲线出现了很大偏差,在相当一个宽度的角度区间(范围内)，测角曲线变非常不连续，严重偏离了真实测角值，角偏差至少达到 15°～40°。

图 6.13、图 6.14 给出了干涉仪测向模拟器干扰前、后方位测量的连续变化情况。从图 6.13 可以看出，该系统通过对比幅测角和比相测角的结果进行融合，降低了测角误差，提高了测角精度。当信号源相对于干涉仪测向模拟器的角度从 90°反向旋转到 45°时，连续的测角输出曲线更加平滑。当转台进行逆时针旋转时，图 6.14 给出了干扰后方位测量的连续变化，可以看出，比幅和比相融合后的角度测量曲线出现了很大偏差，在相当一个宽度的角度曲线，测角曲线变非常不连续，严重偏离了真实测角值，角偏差至少达到 15°～40°。

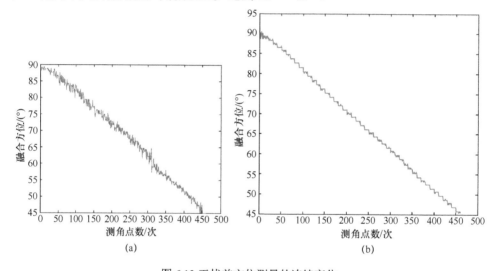

(a)   (b)

图 6.13 干扰前方位测量的连续变化

（a）比幅方位；（b）融合方位。

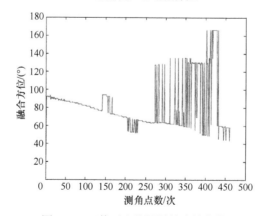

图 6.14 干扰后方位测量的连续变化

116

图 6.15～图 6.18 给出了干扰前后的统计误差。很明显，干扰前系统对目标的

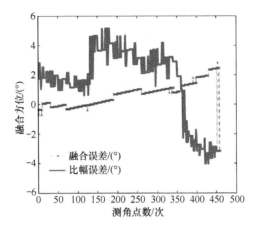

图 6.15 干扰前均方误差（约 1°～4°）（频点 1.0GHz）

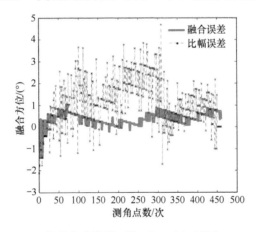

图 6.16 干扰前均方误差（约 1°～4°）（频点 1.2GHz）

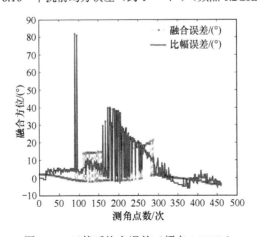

图 6.17 干扰后均方误差（频点 1.0GHz）

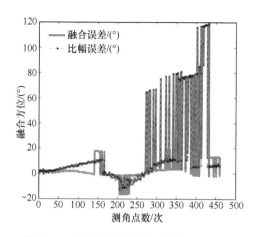

图 6.18　干扰后均方误差（频点 1.2GHz）

角度测量均方误差在 1°～4° 之间变化，干扰后系统对目标的角度测量均方误差陡然变大，在 15°～40° 之间变化，在 1.2GHz 的频点，角度测量均方误差甚至超过了 60°。综上，交叉极化干扰能够突破干涉仪测向模拟器本身的交叉极化隔离，起到了非常显著的角度欺骗效果，角度测量误差明显增大。

6.3　对单脉冲雷达样机的交叉极化干扰试验

（1）试验目的：考察交叉极化干扰对主动雷达单脉冲测角的影响。

（2）试验条件和设备：干扰模拟器、线极化标准天线、雷达样机、毫米波暗室。

（3）试验内容：测量比相单脉冲雷达样机的和支路、方位差支路、俯仰差支路的水平极化方向图和垂直极化方向图，分析方向结构差异，分析角度鉴别曲线特性差异。记录方位通道和俯仰通道的角度测量数据，分析干扰效果。

（4）试验步骤：打开模拟器，同时输出两路信号，其中一路模拟目标回波，另一路模拟干扰，目标和干扰同时位于单脉冲雷达样机天线主瓣内，如图 6.19 所

图 6.19　信号源和正交极化干扰源

示，角度基本一致。此时，两路信号的极化方式和比相单脉冲雷达样机的工作方式一致。雷达样机（图 6.20）自动完成目标搜索截获跟踪等处理过程，测角并伺服控制，对准点源（目标和干扰）方向，采集 1 组方位、俯仰变化数据，并令雷达锁死（天线不转动）。然后，令其中一路干扰天线极化旋转 90°，即改变干扰信号极化为正交极化方式，增加输出功率，提高 10～25dB，雷达开环测角，输出角偏差作为真实值，采集 1 组方位、俯仰变化数据。

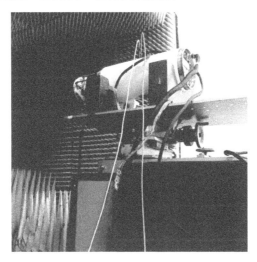

图 6.20　比相单脉冲雷达样机试验场景图

（5）幅度方向图实测结果。

各个面的幅度方向图如图 6.21 所示。从图中可以看出，和波束、方位差波束、俯仰差波束特性比较理想，但是中心位置没有对准零度。对角差波束特性不够理想，在中心位置有起伏。

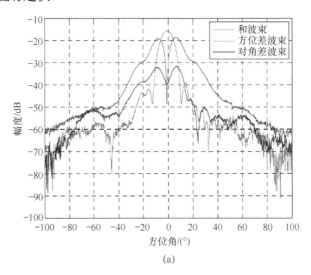

(a)

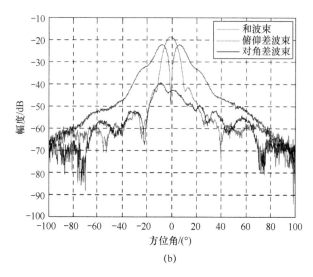

(b)

图 6.21　实测幅度方向图（见彩图）

（a）方位面；（b）俯仰面。

交叉极化方向图与主极化方向图的幅度结构基本一致，比主极化的水平低30dB，如图 6.22 所示。

（6）角度鉴别曲线实测结果。

如图 6.23 和图 6.24 所示俯仰向的 DS 曲线，在线性区间性能良好，主极化和交叉极化的结构类似，斜率接近，差异较小，交叉极化的 DS 曲线平坦度，比如主极化，存在明显起伏。

方位面方向图

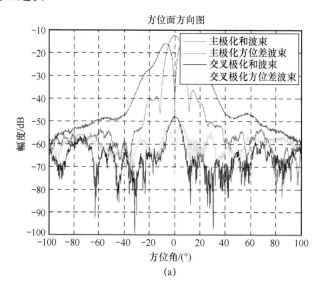

(a)

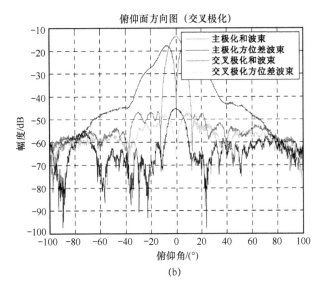

图 6.22　主极化和交叉极化的方向图（见彩图）

（a）方位面；（b）俯仰面。

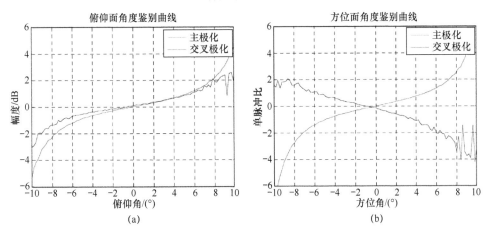

图 6.23　主、交叉极化的角度鉴别曲线

（a）俯仰面；（b）方位面。

　　方位向的 DS 曲线，在线性区间性能良好，主极化和交叉极化的结构类似，斜率相反。交叉极化的 DS 曲线平坦度，比如主极化，存在明显起伏。

　　（7）干扰条件下：方位通道和俯仰通道的变化情况。

　　图 6.25 给出了两种不同干信比条件下雷达角度测量输出结果，从图 6.25（a）可以看出，在无干扰条件下，目标基本位于中心方位，方位和俯仰测量值基本是 0，有微小的起伏，关掉目标源后，角度量测值完全是噪声，此时角度输出值是无效值；当切换为交叉极化干扰后，角度输出值发生很大变化，方位和俯仰测量值不

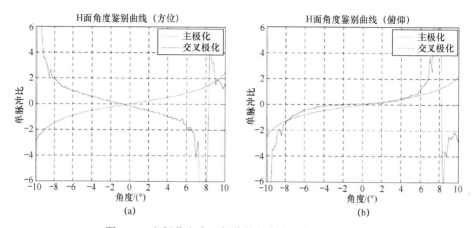

图 6.24　主极化和交叉极化的角度鉴别曲线（H 面）

（a）方位面；（b）俯仰面。

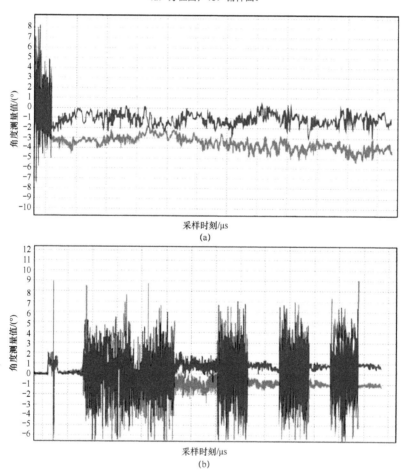

图 6.25 干扰加载后雷达样机的方位通道俯仰通道输出（见彩图）

（a）干信比 22dB；（b）干信比 26dB。

再是 0°方向，方位输出在-1°～-2°之间起伏变化，俯仰值是+1°起伏变化。将干信比提高到 26dB，从图 6.25（b）可以看出，角度输出值发生很大变化，方位和俯仰测量值不再是 0°方向，方位输出在-3°～-4°之间起伏变化，俯仰值是-1°起伏变化。上述结果说明了交叉极化干扰的有效性。

（8）试验结论。

第一，通过分析大量的试验数据，可以发现：根据 DS 曲线分析可以得到干扰从中心方向进入时，引起的最大测角偏差，但是这和实际比相单脉冲雷达样机输出测角偏差数据不一致，实际的测角偏差远大于此，一组是（1°，-1°），另一组是（-1°，-4°）。这说明雷达系统本身可能存在非理想条件，还有一种可能就是干扰不是从绝对的零中心方向进入（雷达波束宽度是 9°），如果这个假设成立，当干扰从偏离中心方位 1.4°进入时，引入的方位测角误差可以达到 4°～4.5°，接近甚至大于半波束宽度。

第二，雷达样机的方位测量误差和俯仰测量误差不一样，这也是比较符合实际的，因为入射方向仅在方位上可控，当控制的角度产生偏差时，就会产生较大的方位偏差，而俯仰不能控制，所以俯仰误差一直都是 1°的量级。试验中(图 6.25)，红色曲线分别是-4°和-1°，蓝色曲线是-1°和 1°。

第 7 章　对双极化单脉冲雷达系统的干扰性能分析

交叉极化干扰在对抗极化域和空域抗干扰措施方面有很大的挖掘潜力，在变极化干扰环境下，雷达的旁瓣匿影、旁瓣对消、极化对消、极化单脉冲处理、极化识别等技术手段都会在不同程度上受到威胁。电子对抗已经向时域、频域、空域和极化域多维度对抗转变，未来可能任何单一的干扰、抗干扰方式已经不能形成有效对抗，变极化干扰还需与空域、时域、频域干扰样式相结合，综合运用才能充分发挥其干扰效能潜力，例如正交变极化与间歇采样重复转发干扰相结合。分时极化测量雷达在每个脉冲重复周期内依次发射 H 极化信号，同时接收 H、V 极化信号，可以实现对目标回波信号、干扰信号的极化测量、目标参数测量和干扰极化对消。当雷达采用不同的极化域处理方法时，干扰效果会有不同的效果 。本章主要分析当雷达采用双极化单脉冲处理技术时，对交叉极化干扰进行数学建模，分析干扰前后的雷达单脉冲测角性能，对干扰效果进行量化的评估。

7.1　极化阵列天线结构

极化阵列是指极化阵元按一定方式在空间放置构成的阵列系统，利用极化阵元获取空间电场信号的极化信息，极化信息表现为阵元两正交极化通道之间的相关性。利用阵列几何结构进行空域采样获取空间电磁信号的空域信息，空域信息表现为相邻阵元间的空间相位延迟。

极化阵元一般由基本电振子和基本磁振子组合而成，这些基本振子在空间同一点处正交放置，且各振子同时工作，分别发射或接收与振子方向平行的电场或磁场分量。极化阵元最完备的情况是可以同时发射或接收三个正交的电场分量和三个正交的磁场分量，但是它们之间具有一定的冗余。在确定的电场传播方向下，电场与传播方向垂直，所以三个电场分量之间不独立，同样地，三个磁场分量也不独立。另外，由于电场、磁场和坡印亭矢量之间的叉乘关系，电场与磁场也不独立，所以根据不同需要，可以选择一部分振子构成极化阵元。实际上，两维振子即可发射不同极化的电磁波，或敏感到电磁信号的极化信息。假设极化阵元由两个偶极子天线正交组合而成，如图 7.1（a）所示。

极化阵列天线采用由双正交偶极子对构成的均匀线阵，如图 7.1（b）所示。*N*

个正交偶极子对沿 Y 轴均匀排列，阵元间距为半波长。阵元的两个正交偶极子分别沿 X 轴和 Y 轴排列。定义 X 为水平极化，Y 为垂直极化。

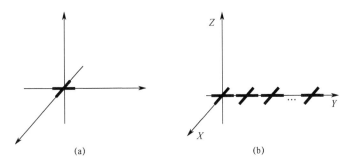

图 7.1　极化阵元及阵列天线示意图

（a）双正交偶极子天线；（b）极化阵列天线结构示意图。

7.2　极化阵列雷达回波模型

在前面分析的基础上，本节将建立极化阵列雷达信号接收模型。仅考虑一维角度测量，假定为仰角，因此限定回波位于 YOZ 平面，即：俯仰角 $\theta \in \left[-\dfrac{\pi}{2}, \dfrac{\pi}{2} \right]$，方位角 $\varphi = \dfrac{\pi}{2}$。考虑接收信号为经过放大、滤波、下变频、采样等处理过程的窄带信号。本节内容研究三种不同情形下的极化阵列雷达单脉冲测角问题，因此，将建立三种情形下的极化阵列雷达信号接收模型，分别为单目标理想情况下、干扰背景下、双目标情况下。

7.2.1　假设条件

在建立阵列信号接收模型的过程中，为了简化分析，并排除一些非理想因素的影响，对电磁信号、传播介质、雷达系统、信号及噪声都做了合理的理想化假设，下面列出主要的假设条件。

1．远场假设

假设目标位于阵列天线的远场区，信号波前到达阵列时可认为是平面波，阵列几何孔径远远小于信号源到阵列的距离。

2．阵元假设

假设各阵元为相同点阵元，位置精确，在空间平行放置，该假设保证各阵元为相似元。阵元几何尺寸远小于阵元间隔。阵元双通道的极化隔离度理想，阵元间无电磁耦合，且阵元信道幅相一致，这就保证了阵元和信道无任何误差。

3. 短振子假设

假设电偶极子的长度远小于最高工作频率所对应的半波长，每个阵子接收电压与该方向电场成正比，并且接收电压信号是等幅同相的。假设电流环的半径远远小于信号波长，由于电流环几何尺寸较小，所以环上电流均匀同相。

4. 独立同步采样假设

假设构成阵列的所有阵元以及阵元的各极化通道时间采样同步，并且采样满足 Nyquist 准则。

5. 传播介质假设

假设传播介质为各向同性的、均匀的、无耗的、非色散的和线性的，该假设保证了电磁波在介质中不衰减，不畸变，且满足线性叠加原理。

6. 时域窄带信号假设

假设信号带宽远小于载波频率，信号的复包络缓慢变化，各个阵元上时延导致的波形差异可以忽略不计。该假设使得相邻阵元接收的信号仅相差一个相位因子，便于信号处理。

7. 空域窄带信号假设

假设信号的带宽远小于信号波跨阵列最大口径传播时间的倒数。该假设保证阵列所有阵元能几乎同时采集同一信号。阵列孔径渡越时间反映天线两端阵元所接收到的来自同一辐射源信号的时间差，当孔径渡越时间大于信号带宽的倒数时，阵列两端的阵元所接收到的信号将不能同时相加。此时不仅要做空域处理，还要进行时域处理，对于极化阵列雷达，则需要进行极化空时信号处理。

8. 独立处理假设

假设极化阵元接收的多路信号独立处理，该假设保证了阵列的自由度不变。

9. 噪声假设

假设各极化信道内部噪声为复高斯白噪声，由于极化阵元间距离足够大，所以各极化阵元噪声独立并且具有相同的方差 σ^2。噪声过程的二阶矩如下：

$$E\left\{n(t_1)n^{\mathrm{h}}(t_2)\right\} = \sigma^2 I\delta(t_1,t_2) \tag{7.1}$$

式中：上标 h 为共轭转置；I 为单位矩阵。并且假设噪声与信号彼此独立，即

$$E\left\{n(t_1)s^{\mathrm{h}}(t_2)\right\} = 0 \tag{7.2}$$

另有两极化信道内部噪声独立不相关，即

$$E\left\{n_{\mathrm{H}}(t_1)n_{\mathrm{V}}^{\mathrm{h}}(t_2)\right\} = 0 \tag{7.3}$$

式中：下标 H、V 为水平、垂直极化。以上这些假设条件在以后的分析中也必不可少。

7.2.2 理想情况下回波模型

如图 7.2 所示，单目标理想情况下，极化阵列天线接收单个目标回波信号为

$$\begin{cases} \boldsymbol{x}_\mathrm{H} = E_\mathrm{H}\boldsymbol{s}(u) + \boldsymbol{n}_\mathrm{H} \\ \boldsymbol{x}_\mathrm{V} = E_\mathrm{V}\boldsymbol{s}(u) + \boldsymbol{n}_\mathrm{V} \end{cases} \tag{7.4}$$

$A \in \boldsymbol{C}^{1\times 1}$ 为目标回波的复幅度，$u=\sin\theta$ 为目标角度 θ 的正弦坐标，估计 u 与估计 θ 是一样的。定义 E_H 和 E_V 为接收信号在水平和垂直极化方向的复幅度，根据极化基本理论，有

$$\begin{bmatrix} E_\mathrm{H} \\ E_\mathrm{V} \end{bmatrix} = A \begin{bmatrix} \cos\gamma \\ \sin\gamma\,\mathrm{e}^{\mathrm{j}\eta} \end{bmatrix}, (\gamma,\eta)$$ 为目标回波极化相位描述子。$\boldsymbol{n}_\mathrm{H}$、$\boldsymbol{n}_\mathrm{V} \in \boldsymbol{C}^{N\times 1}$ 分别为水平、垂直极化信道复高斯噪声，根据噪声假设条件，$\boldsymbol{n}_\mathrm{H}$，$\boldsymbol{n}_\mathrm{V} \sim \mathrm{CN}(0,\sigma^2\boldsymbol{I})$。信噪比定义为 $\mathrm{SNR}=|A|^2/\sigma^2$。$\boldsymbol{s}(u)$ 为阵列导向矢量：

$$\boldsymbol{s}(u) = \begin{bmatrix} \mathrm{e}^{\mathrm{j}\phi_1} & \mathrm{e}^{\mathrm{j}\phi_2} & \cdots & \mathrm{e}^{\mathrm{j}\phi_N} \end{bmatrix}^\mathrm{T} \tag{7.5}$$

以第一个阵元为零相位参考阵元，第 n 个阵元接收信号相对参考阵元的空间相位滞后为

$$\phi_n = -2\pi(n-1)d\sin\theta/\lambda_\circ$$

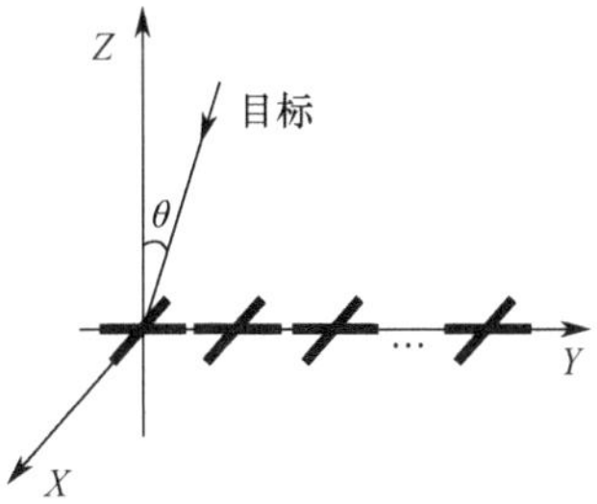

图 7.2 单目标情况下阵列信号接收示意图

7.2.3 干扰背景下回波模型

本节研究干扰背景下极化阵列雷达信号接收模型。假定空间中存在目标回波信号和干扰信号，均位于天线的远场，为平面电磁波入射，如图 7.3 所示。目标回波信号和干扰信号的到达角分别记为 θ_s 和 θ_i。目标回波信号极化矢量未知，记为 $\boldsymbol{h}_\mathrm{s} = \begin{bmatrix} \cos\gamma_\mathrm{s} \\ \sin\gamma_\mathrm{s}\,\mathrm{e}^{\mathrm{j}\eta_\mathrm{s}} \end{bmatrix}, (\gamma_\mathrm{s},\eta_\mathrm{s})$ 为目标回波极化相位描述子；干扰信号极化矢量未知，记为 $\boldsymbol{h}_\mathrm{i} = \begin{bmatrix} \cos\gamma_\mathrm{i} \\ \sin\gamma_\mathrm{i}\,\mathrm{e}^{\mathrm{j}\eta_\mathrm{i}} \end{bmatrix}, (\gamma_\mathrm{i},\eta_\mathrm{i})$ 为干扰信号波的极化相位描述子。

单个快拍下，目标回波信号和干扰信号幅度分别记为 A_s 和 A_i。水平和垂直极化阵列接收信号分别为

$$\begin{cases} \boldsymbol{X}_{\mathrm{H}} = E_{\mathrm{H,s}} \cdot \boldsymbol{s}(u_{\mathrm{s}}) + E_{\mathrm{H,i}} \cdot \boldsymbol{s}(u_{\mathrm{i}}) + \boldsymbol{n}_{\mathrm{H}} \\ \boldsymbol{X}_{\mathrm{V}} = E_{\mathrm{V,s}} \cdot \boldsymbol{s}(u_{\mathrm{s}}) + E_{\mathrm{V,i}} \cdot \boldsymbol{s}(u_{\mathrm{i}}) + \boldsymbol{n}_{\mathrm{V}} \end{cases} \tag{7.6}$$

式中：$E_{\mathrm{H,s}}$ 和 $E_{\mathrm{V,s}}$ 为目标回波信号在水平和垂直极化方向的复幅度；

$\begin{bmatrix} E_{\mathrm{H,s}} \\ E_{\mathrm{V,s}} \end{bmatrix} = A_{\mathrm{s}} \begin{bmatrix} \cos\gamma_{\mathrm{s}} \\ \sin\gamma_{\mathrm{s}}\, \mathrm{e}^{\mathrm{j}\eta\mathrm{s}} \end{bmatrix}$；$E_{\mathrm{H,i}}$ 和 $E_{\mathrm{V,i}}$ 为干扰信号在水平和垂直极化方向的复幅度；

$\begin{bmatrix} E_{\mathrm{H,i}} \\ E_{\mathrm{V,i}} \end{bmatrix} = A_{\mathrm{s}} \begin{bmatrix} \cos\gamma_{\mathrm{i}} \\ \sin\gamma_{\mathrm{i}}\, \mathrm{e}^{\mathrm{j}\eta\mathrm{i}} \end{bmatrix}$；$u_{\mathrm{s}} = \sin\theta_{\mathrm{s}}$；$u_{\mathrm{i}} = \sin\theta_{\mathrm{i}}$；$\boldsymbol{n}_{\mathrm{H}}$、$\boldsymbol{n}_{\mathrm{V}}$ 满足噪声假设条件。信号与

干扰功率之比定义为信干比 $\mathrm{SIR}=|A_{\mathrm{s}}|^2/|A_{\mathrm{i}}|^2$，或定义干信比 $\mathrm{ISR}=|A_{\mathrm{i}}|^2/|A_{\mathrm{s}}|^2$。

需要注意的是，通常干信比 ISR 大于 30dB。$\boldsymbol{s}(u)$ 为阵列导向矢量。极化阵列雷达接收信号记为 $\boldsymbol{X}=[\boldsymbol{X}_{\mathrm{h}} \quad \boldsymbol{X}_{\mathrm{V}}]^{\mathrm{T}}$。

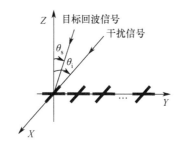

图 7.3　干扰背景下阵列信号接收示意图

7.3　基于极化融合的单脉冲雷达对抗性能分析

7.3.1　信号处理流程

本节给出了基于极化融合的单脉冲测角方法处理流程，如图 7.4 所示。将水平、垂直极化通道接收数据分开独立处理：根据阵列雷达单脉冲原理，分别获得两个极化阵列角度测量值；在得出角度测量值的基础上，求解回波幅度最大似然估计。最后，对目标角度信息进行加权融合，得到最终角度测量。

7.3.2　单脉冲测量与估计

对 H 和 V 极化阵接收数据分别独立使用单脉冲测角技术，得到角度测量值 $\hat{\theta}_{\mathrm{H}}, \hat{\theta}_{\mathrm{V}}$。采用常用的相位和差单脉冲方法，将一维线阵平分为两个子天线阵。这两个天线阵波束指向一致（假设为 θ_0），得到两个一样的接收波束，只是相位中心间距 $D = \dfrac{N}{2}d$。则两波束接收信号幅度相等，相位相差 $\Delta\varphi = \dfrac{2\pi D}{\lambda}(\sin\theta - \sin\theta_0)$。

两波束输出信号记为 E_1, E_2，则 $E_2 = E_1 \mathrm{e}^{-\mathrm{i}\Delta\varphi}$。通过计算差和比 $\dfrac{\Delta}{\Sigma} = \dfrac{E_1 - E_2}{E_1 + E_2}$，即可提

取目标角度信息。

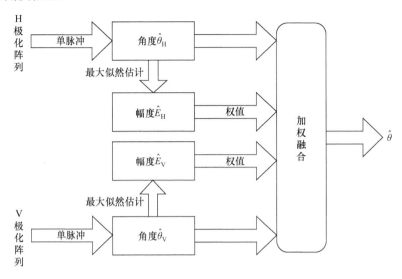

图 7.4　基于极化融合的单脉冲测角方法处理流程

根据上述说明可知，差波束幅度权矢量为 $\boldsymbol{w}_{\mathrm{d}}=[1\cdots1 \quad -1\cdots-1]^{\mathrm{T}}$，和波束为均匀加权 $\boldsymbol{w}_{\mathrm{s}}=[1\cdots1 \quad 1\cdots1]^{\mathrm{T}}$，$\theta_0$ 为当前雷达波束指向，则和差波束的相位加权都为 $[\boldsymbol{s}(\theta_0)]^{\mathrm{h}}$。将和差加权代入差和比中，推导得

$$\frac{\Delta}{\Sigma}=\frac{A[\boldsymbol{w}_{\mathrm{d}}\odot\boldsymbol{s}(u_0)]^{\mathrm{h}}\boldsymbol{s}(u)}{A[\boldsymbol{w}_{\mathrm{s}}\odot\boldsymbol{s}(u_0)]^{\mathrm{h}}\boldsymbol{s}(u)}$$

$$=\frac{1+\cdots+\mathrm{e}^{-\mathrm{i}\left(\frac{N}{2}-1\right)\frac{2\pi d}{\lambda}(u-u_0)}-\mathrm{e}^{-\mathrm{i}\left(\frac{N}{2}\right)\frac{2\pi d}{\lambda}(u-u_0)}\cdots-\mathrm{e}^{-\mathrm{i}(N-1)\frac{2\pi d}{\lambda}(u-u_0)}}{1+\cdots+\mathrm{e}^{-\mathrm{i}\left(\frac{N}{2}-1\right)\frac{2\pi d}{\lambda}(u-u_0)}+\mathrm{e}^{-\mathrm{i}\left(\frac{N}{2}\right)\frac{2\pi d}{\lambda}(u-u_0)}\cdots+\mathrm{e}^{-\mathrm{i}(N-1)\frac{2\pi d}{\lambda}(u-u_0)}} \tag{7.7}$$

$$=\frac{\left(1+\cdots+\mathrm{e}^{-\mathrm{i}\left(\frac{N}{2}-1\right)\frac{2\pi d}{\lambda}(u-u_0)}\right)\left(1-\mathrm{e}^{-\mathrm{i}\left(\frac{N}{2}\right)\frac{2\pi d}{\lambda}(u-u_0)}\right)}{\left(1+\cdots+\mathrm{e}^{-\mathrm{i}\left(\frac{N}{2}-1\right)\frac{2\pi d}{\lambda}(u-u_0)}\right)\left(1+\mathrm{e}^{-\mathrm{i}\left(\frac{N}{2}\right)\frac{2\pi d}{\lambda}(u-u_0)}\right)}$$

$$=\mathrm{i}\tan\frac{N\pi d}{2\lambda}(u-u_0) \tag{7.8}$$

式中：" $\odot$ "为 Hadamard 积，或称为对应元素积。单脉冲一般用于目标在雷达波束指向附近，即 $\sin\theta\approx\sin\theta_0$，将式（7.8）在 $\theta=\theta_0$ 处一阶泰勒展开：

$$\mathrm{Im}\left[\frac{\Delta}{\Sigma}\right]=\tan\frac{N\pi d}{2\lambda}(u-u_0)\approx\frac{N\pi d}{2\lambda}(u-u_0) \tag{7.9}$$

设 x 为阵列接收信号矢量，则：差波束输出为 $\Delta=d^h(u_0)x$，$d(\theta_0)=w_d\odot s(u_0)$ 为差波束的幅相加权；和波束输出为 $\Sigma=s^h(u_0)x$，$s(u_0)$ 和波束的幅相加权。则单脉冲测角公式：

$$\hat{u}=u_0+k_1\,\mathrm{Im}\left[\frac{\Delta}{\Sigma}\right] \tag{7.10}$$

式中：$u=\sin\theta$ 为角度 θ 的正弦坐标；θ_0 为波束指向；$k_1=\dfrac{2\lambda}{N\pi d}$。

图 7.5（a）给出了 16 元阵的和、差波束幅度权分布图。图 7.5（b）给出了对应的鉴角曲线，可以看出，在波束宽度内，该鉴角曲线具有较好的线性。

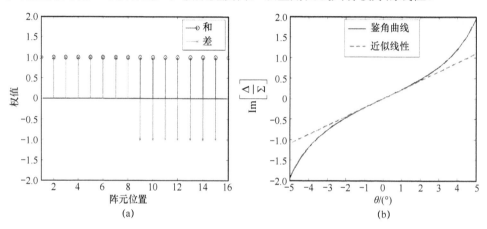

(a)　　　　　　　　　(b)

图 7.5　单脉冲和差加权及鉴角曲线

(a) 和、差波束幅度权分布图（$N=16$）；　(b) 鉴角曲线。

7.3.3　幅度估计和加权融合

在得出角度测量值 $\hat{\theta}_H,\hat{\theta}_V$ 的基础上，由最大似然估计方法得到 H 和 V 极化方向复幅度。以水平极化为例，接收信号模型改写为

$$x_H=E_H s(\hat{\theta}_H)+n_H \tag{7.11}$$

概率密度函数（PDF）为

$$p(x_H;E_H)=\frac{1}{(2\pi\sigma^2)^{\frac{N}{2}}}\exp\left[-\frac{1}{2\sigma^2}(x_H-E_H s(\hat{\theta}_H))^h(x_H-E_H s(\hat{\theta}_H))\right] \tag{7.12}$$

数据 x_H 固定，概率密度函数为 E_H 的函数即为似然函数。由实函数对复数的求导理论，求对数似然函数关于 E_H 的导数，并令它等于零，得

$$\frac{\partial\ln p(x_H;E_H)}{\partial E_H}=s^h(\hat{\theta}_H)x_H-s^h(\hat{\theta}_H)E_H s(\hat{\theta}_H)=0 \tag{7.13}$$

得水平极化分量幅度的最大似然估计量：

$$\hat{E}_{\mathrm{H}} = s^{\mathrm{h}}\left(\hat{\theta}_{\mathrm{H}}\right) x_{\mathrm{H}} / N \tag{7.14}$$

同理得垂直极化分量幅度的最大似然估计量：

$$\hat{E}_{\mathrm{V}} = s^{\mathrm{h}}(\hat{\theta}_{\mathrm{V}}) x_{\mathrm{V}} / N \tag{7.15}$$

同时由式（7.14）和式（7.15），也得到了目标回波极化状态。

将 H 和 V 极化阵列的角度测量值 $\hat{\theta}_{\mathrm{H}}, \hat{\theta}_{\mathrm{V}}$ 进行融合处理：

$$\hat{\theta} = \alpha_1 \hat{\theta}_{\mathrm{H}} + \alpha_2 \hat{\theta}_{\mathrm{V}} \tag{7.16}$$

优化加权系数 α_1, α_2 的方差，使 $\hat{\theta}$ 的方差 σ^2 最小化，通过拉格朗日乘子法求解，得

$$\begin{cases} a_1 = \dfrac{\sigma_{\mathrm{V}}^2}{\sigma_{\mathrm{H}}^2 + \sigma_{\mathrm{V}}^2} \\[3mm] a_2 = \dfrac{\sigma_{\mathrm{H}}^2}{\sigma_{\mathrm{H}}^2 + \sigma_{\mathrm{V}}^2} \end{cases} \tag{7.17}$$

式中：σ_{H}^2、σ_{V}^2 分别为 $\hat{\theta}_{\mathrm{H}}$、$\hat{\theta}_{\mathrm{V}}$ 的方差。实际应用中，σ_{H}^2、σ_{V}^2 未知，但可证明它们反比于信比[79]，即

$$\sigma_{\mathrm{H}}^2 = \frac{k_2 \sigma_{\mathrm{n}}^2 \theta_{3\mathrm{dB}}^2}{\left|\hat{E}_{\mathrm{H}}\right|^2}, \sigma_{\mathrm{V}}^2 = \frac{k_2 \sigma_{\mathrm{n}}^2 \theta_{3\mathrm{dB}}^2}{\left|\hat{E}_{\mathrm{V}}\right|^2} \tag{7.18}$$

式中：$k_2 \approx 0.19 N/(N^2-1)$ 为常数；$\theta_{3\mathrm{dB}}$ 为 3dB 波束宽度。得最终角度估计值：

$$\hat{\theta} = \frac{\hat{\theta}_{\mathrm{H}} \left|\hat{E}_{\mathrm{H}}\right|^2 + \hat{\theta}_{\mathrm{V}} \left|\hat{E}_{\mathrm{V}}\right|^2}{\left|\hat{E}_{\mathrm{H}}\right|^2 + \left|\hat{E}_{\mathrm{V}}\right|^2} \tag{7.19}$$

7.3.4 理论性能和仿真实验

式（7.19）表明，功率越大的极化部分角度测量值可靠性越高，权重越大。

由式（7.16）、式（7.17）得 $\hat{\theta}$ 的方差 σ^2：

$$\sigma^2 = \frac{\sigma_{\mathrm{H}}^2 \sigma_{\mathrm{V}}^2}{\sigma_{\mathrm{H}}^2 + \sigma_{\mathrm{V}}^2} \tag{7.20}$$

由式（7.20）可知，σ^2 分别小于 σ_{H}^2 和 σ_{V}^2，说明基于极化融合方法的测角性能优于单极化。联立式（7.18）、式（7.20），得

$$\sigma^2 = \frac{k_2 \theta_{3\mathrm{dB}}^2}{\mathrm{SNR}} \tag{7.21}$$

式（7.21）说明了基于极化融合的单脉冲方法测角性能与 SNR、波束宽度和回波极化状态的关系。结果表明：角度估计精度与 SNR 成反比，与波束宽度成正比，但与回波极化状态无关，说明该方法对于任意极化的来波都具有适应性。

接下来通过计算机仿真验证极化融合方法的测角性能，并与单极化阵列的测角性能进行对比。仿真给出了估计精度与 SNR、目标角度及回波极化的关系。

参数估计性能包含两个方面：一是准确性（Accuracy），用估计均值（Mean）来衡量；另一个是精确性（Precision），用标准差（Standard Deviation）来衡量。将两者综合起来，测角性能可以由角度估计均方根误差（Root Mean Square Error）来衡量，为 $\mathrm{RMSE}=\sqrt{E\left[(\hat{\theta}-\theta)^2\right]}$。图 7.6 是参数估计性能示意图，图 7.6（a）所示估计值均值接近真值，准确性好，但标准差很大，精度低，RMSE 较大。图 7.6（b）标准差很小，精度高，但均值偏离真值，准确性差，RMSE 较大。图 7.6（c）均值接近真值且标准差很小，估计值准确性很好且精度很高，RMSE 较小。

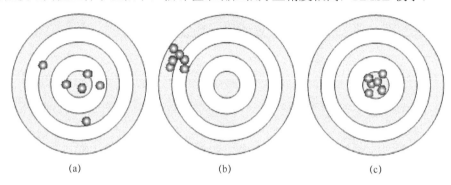

图 7.6　参数估计性能示意图

仿真设置：阵元数 N=16，阵元间距半波长，即波束宽度为 $\theta_{3\mathrm{dB}}$=6.3°；波束指向 θ_0=0°，蒙特卡罗次数 M=1000；目标回波极化参数 η=0。上述为共同参数设置，其余参数视具体的研究另行说明。测角精度为 $\mathrm{RMSE}=\sqrt{\dfrac{1}{M}\sum_{i=1}^{M}\left[(\hat{\theta}_i-\theta)^2\right]}$。

1. 测角精度与 SNR 的关系

图 7.7 给出了四种回波极化状态下，不同方法 RMSE 与信噪比的关系曲线，其中目标仰角 θ=0°。可以得到以下结果：

（1）H 极化阵列单脉冲、V 极化阵列单脉冲和极化融合单脉冲的测角性能均随着信噪比增高而提升；信噪比较高时，角度测量非常精确，信噪比达到 20dB 时，测角精度可达波束宽度的 0.5%。

（2）三种单脉冲方法测角性能有差距，差距与回波极化状态有关。当水平极化分量大时，H 极化阵列单脉冲测角性能优于 V 极化阵列单脉冲测角性能；但四种回波极化状态下，极化融合单脉冲测角性能都优于 H、V 极化阵列单脉冲测角性能。

从图 7.7 的结果可以得出，极化融合单脉冲测角精度高，对于上述四种回波极化状态，测角性能都优于单极化阵列单脉冲方法。

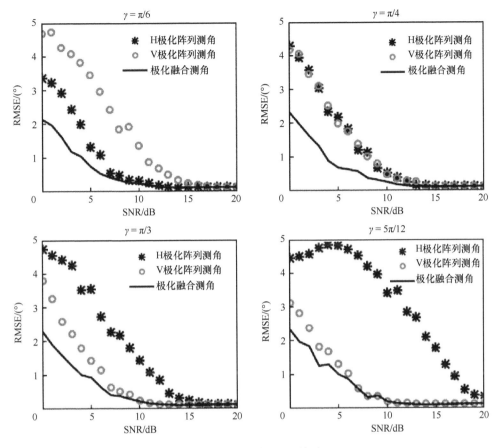

图 7.7　RMSE 与 SNR 关系

2. 测角精度与目标角度的关系

图 7.8 给出了四种回波极化状态下，不同方法 RMSE 与 SNR 的关系曲线，其中目标到达角 $\theta=0°$。从图 7.8 中可以看出：测角误差随着目标远离雷达波束指向而增大，但是变化幅度较小，说明测角性能基本不受目标到达角影响。另外，对于任意给定的回波极化状态，基于极化融合单脉冲方法测角性能均优于单极化阵列单脉冲方法。

3. 测角精度与回波极化角的关系

图 7.9 给出了 RMSE 与极化角 γ 的关系，其中相关参数为：SNR=10dB，仰角 $\theta=0°$。从图 7.9 中看出：单极化阵列测角方法敏感于极化状态的变化，且不同极化状态下测角性能相差较大，而基于极化融合的单脉冲方法测角性能不随极化状态改变而改变。上述理论分析和仿真验证表明：极化阵列雷达单脉冲方法的测角精度高。因为充分利用了目标的极化信息，极化阵列单脉冲方法测角性能优于单极化阵列，且测角性能不受回波极化状态的影响，因此雷达测角比单极化阵列具有更好的适应性和稳健性。

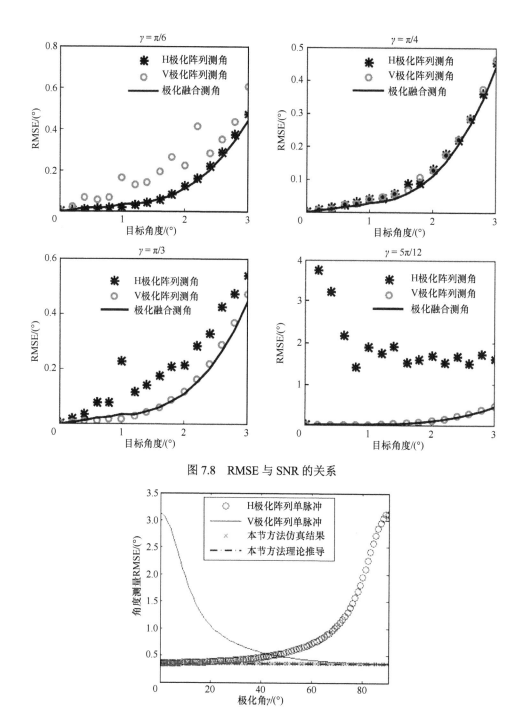

图 7.8　RMSE 与 SNR 的关系

图 7.9　RMSE 与极化角 γ 的关系

7.3.5 交叉极化干扰下的极化单脉冲雷达性能

假设极化阵列雷达采用双极化工作模式发射水平极化波，同时接收水平极化波和垂直极化波，然后采用极化融合方法进行角度测量。从目标处发射垂直极化波对极化阵列天线进行干扰，虽然垂直极化通道的信噪比得到增强，测角更加准确，但是水平极化通道由于交叉极化干扰的存在，测角的误差增大。两个通道融合后的测角误差可能增大，下面分析极化融合算法在干扰下的性能。

仿真中，波束 1 和波束 2 的天线主极化方向图采用辛格函数进行模拟：

$$G_m = \left[\sin(kx) / (kx)\right]^2 \tag{7.22}$$

波束 1 的交叉极化幅度方向图采用以下函数进行模拟：

$$G_{c1} = L_1 \cdot \frac{2k_1^2 x \sin(k_1 x) \cdot \cos(k_1 x) - 2k_1 \sin^2(k_1 x)}{(k_1 x)^3} \tag{7.23}$$

波束 2 的交叉极化幅度方向图采用以下函数进行模拟：

$$G_{c2} = L_2 \cdot \frac{2k_2^2 x \sin(k_2 x) \cdot \cos(k_2 x) - 2k_2 \sin^2(k_2 x)}{(k_2 x)^3} \tag{7.24}$$

式中：k_1、k_2 的值由 $[0, \pi]$ 内旁瓣数目决定；L_1、L_2 为衰减调节量，可根据需要设定；x 为相应的角度值，单位为弧度。

交叉极化的相位方向图目前还没有有效的数学模型进行模拟，并且随机性较大，可以采用一组固定的随机数对交叉极化的相位方向图进行模拟。为了与实际情况一致，在仿真分析中该随机数组保持不变。波束 1 的交叉极化相位方向图为 $P_{c1}(\theta)$，波束 2 的交叉极化相位方向图为 $P_{c2}(\theta)$。共极化的相位方向图可以认为是一致的，设置为常数 $P_m(\theta) = 0°$，则两个波束接收的回波不存在天线引起的相位差。

则水平极化阵列天线得到的差信号为

$$\begin{aligned}
\Delta_{\mathrm{H}} &= \Delta_{m\mathrm{H}} + \Delta_{c\mathrm{H}} \\
&= G_m \cdot E_{\mathrm{H}}(1 - \mathrm{e}^{-\mathrm{j}\Delta\varphi}) + G_{c1} \cdot P_{c1}(\theta) \cdot (E_{\mathrm{V}} + E_{i\mathrm{V}}) - G_{c2} \cdot P_{c2}(\theta) \cdot (E_{\mathrm{V}} + E_{i\mathrm{V}}) \cdot \mathrm{e}^{-\mathrm{j}\Delta\varphi}
\end{aligned} \tag{7.25}$$

和信号为

$$\begin{aligned}
\Sigma_{\mathrm{H}} &= \Sigma_{m\mathrm{H}} + \Sigma_{c\mathrm{H}} \\
&= G_m \cdot E_{\mathrm{H}}(1 + \mathrm{e}^{-\mathrm{j}\Delta\varphi}) + G_{c1} \cdot P_{c1}(\theta) \cdot (E_{\mathrm{V}} + E_{i\mathrm{V}}) + G_{c2} \cdot P_{c2}(\theta) \cdot (E_{\mathrm{V}} + E_{i\mathrm{V}}) \cdot \mathrm{e}^{-\mathrm{j}\Delta\varphi}
\end{aligned} \tag{7.26}$$

式中：E_{H} 为极化雷达发射的水平极化波经目标反射的回波；$E_{i\mathrm{V}}$ 为干扰发射的垂直极化波，一般比目标信号大 20dB 量级左右；$\Delta\varphi = \dfrac{2\pi D}{\lambda}(\sin\theta - \sin\theta_0)$ 为相位差。

然后根据公式 $\hat{u} = u_0 + k_1 \mathrm{Im}\left[\dfrac{\Delta}{\Sigma}\right]$ 进行角度估计。

垂直极化阵列天线得到的差信号为

$$\Delta_{\mathrm{V}} = \Delta_{m\mathrm{V}} + \Delta_{c\mathrm{V}} = G_m \cdot (E_{\mathrm{V}} + E_{i\mathrm{V}}) \cdot (1 - \mathrm{e}^{-\mathrm{j}\Delta\varphi}) + G_{c1} \cdot P_{c1}(\theta) \cdot E_{\mathrm{H}} - G_{c2} \cdot P_{c2}(\theta) \cdot E_{\mathrm{H}} \cdot \mathrm{e}^{-\mathrm{j}\Delta\varphi}$$
（7.27）

和信号为

$$\Sigma_{\mathrm{V}} = \Sigma_{m\mathrm{V}} + \Sigma_{c\mathrm{V}} = G_m \cdot (E_{\mathrm{V}} + E_{i\mathrm{V}}) \cdot (1 + \mathrm{e}^{-\mathrm{j}\Delta\varphi}) + G_{c1} \cdot P_{c1}(\theta) \cdot E_{\mathrm{H}} + G_{c2} \cdot P_{c2}(\theta) \cdot E_{\mathrm{H}} \cdot \mathrm{e}^{-\mathrm{j}\Delta\varphi}$$
（7.28）

式中：E_{V} 为极化雷达发射的水平极化波经目标反射的垂直极化回波。

对于水平极化接收阵列，接收信号为

$$\boldsymbol{x}_{\mathrm{H}} = G_m \cdot E_{\mathrm{H}} \cdot \boldsymbol{s}(\hat{\theta}_{\mathrm{H}}) + G_c \cdot (E_{\mathrm{V}} + E_{i\mathrm{V}}) \cdot \boldsymbol{s}(\hat{\theta}_{\mathrm{H}}) + \boldsymbol{n}_{\mathrm{H}} \tag{7.29}$$

式中：$G_c \cdot E_{i\mathrm{V}} \cdot \boldsymbol{s}(\hat{\theta}_{\mathrm{H}})$ 为交叉极化分量带来的接收信号变化。根据极化融合算法，依然采用公式 $\hat{E}_{\mathrm{H}} = \boldsymbol{s}^{\mathrm{h}}\left(\hat{\theta}_{\mathrm{H}}\right)\boldsymbol{x}_{\mathrm{H}} / N$ 进行水平极化分量幅度估计，将会带来较大的估计误差。

垂直极化接收阵列，接收信号为

$$\boldsymbol{x}_{\mathrm{V}} = G_m \cdot \left[E_{\mathrm{V}} + E_{i\mathrm{V}}\right] \cdot \boldsymbol{s}(\hat{\theta}_{\mathrm{V}}) + G_c \cdot E_{\mathrm{H}} \cdot \boldsymbol{s}(\hat{\theta}_{\mathrm{V}}) + \boldsymbol{n}_{\mathrm{v}} \tag{7.30}$$

相当于接收信号幅度增大了。

根据式（7.27）和式（7.28）得到目标回波的极化状态，由于垂直极化干扰分量的存在，得到的回波极化状态与无干扰情况相比已经有较大变化。

得到水平极化和垂直极化分量的角度估计值和幅度估计值之后，根据式（7.19）即可得到最终的角度估计值。

仿真设置：阵元数 $N=16$，阵元间距设置为半波长，波长为 6cm，波束宽度为 $\theta_{3\mathrm{dB}} = 6°$，波束指向为 $\theta_0 = 0°$，目标所在角度为 2°，蒙特卡罗次数设置为 $M=1000$，目标回波极化参数设为 $\eta = 0$。仿真中设置交叉极化分量比共极化分量小 20dB，交叉极化干扰分量比共极化分量大 20dB。采用角度估计均方根误差 RMSE= $\sqrt{E\left[(\hat{\theta}-\theta)^2\right]}$ 进行测角性能估计。

子阵的主极化方向图采用辛格函数进行模拟：

$$G_m(\theta) = \left[\sin(k_m\theta) / (k_m\theta)\right]^2 \tag{7.31}$$

子阵的交叉极化幅度方向图采用辛格函数一阶导数的变体函数进行模拟，具有多个控制参数，可实现对交叉极化方向图的灵活模拟：

$$G_c = L \cdot \frac{2k_c^2\theta\sin(k_c\theta) \cdot \cos(k_c\theta) - 2k_c\sin^\alpha(k_c\theta)}{(k_c\theta)^\beta + 1} \tag{7.32}$$

式中：k 的值由 $[0,\pi]$ 内旁瓣数目决定；L 为衰减调节量，可根据需要设定；α、β 为波束形状参数；θ 为相应的角度值，单位为弧度。式（7.31）中采用 $k_m = 40$，则波束宽度为 $\theta_{3\mathrm{dB}} = 4°$。水平极化阵列天线两个子阵交叉极化幅度方向图设置为 $k_{\mathrm{H1}c} = 39$、$L_{\mathrm{H1}c} = 32$、$\alpha_{\mathrm{H1}c} = 1.8$、$\beta_{\mathrm{H1}c} = 1.5$、$k_{\mathrm{H2}c} = 40$、$L_{\mathrm{H2}c} = 32$、$\alpha_{\mathrm{H2}c} = 1.4$、

$\beta_{\text{H2}c} = 2$，垂直极化阵列天线两个子阵交叉极化幅度方向图设置为 $k_{\text{V1}c} = 35$、$L_{\text{V1}c} = 33$、$\alpha_{\text{V1}c} = 1.2$、$\beta_{\text{V1}c} = 2$、$k_{\text{V2}c} = 30$、$L_{\text{V2}c} = 30$、$\alpha_{\text{V2}c} = 2$、$\beta_{\text{V2}c} = 2$。

交叉极化的相位方向图目前还没有有效的数学模型进行模拟，并且随机性较大，采用一组固定的随机数对子阵的交叉极化相位方向图进行模拟，在仿真分析中每个子阵对应的一组随机数保持不变。

图 7.10 给出了各子阵的主极化和交叉极化幅度方向图，从图中可以看出，在主瓣内交叉极化的幅度明显低于主极化幅度，低 20dB 左右，与天线的实测数据相符。各个子阵的交叉极化幅度方向图也存在较大差异，提供了交叉极化干扰有效实现的物理条件。

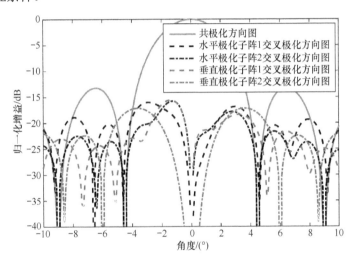

图 7.10　各子阵的主极化和交叉极化幅度方向图（见彩图）

1. 测角精度与 SNR 的关系

从图 7.11 可以看出，在没有交叉极化干扰情况下，垂直极化阵列测角性能是最差的，因为阵列天线接收的垂直极化回波比水平极化回波小 20dB，此时的水平极化回波对于垂直极化接收天线而言虽然是干扰，但是此时干信比低，垂直极化通道的测角误差较大，主要是该通道信噪比低造成，阵列天线测角误差较大。由于垂直极化回波很小，对水平极化接收天线测角性能几乎没有影响。但是，由于垂直极化天线测角误差大，经过极化融合以后，使得极化融合的测角性能反而劣于水平极化天线测角性能。当交叉极化干扰存在时，等效于垂直极化回波得到增强，使得垂直极化天线测角性能提高。但是，对于水平极化天线，由于交叉极化干扰的存在，使得测角性能明显降低。经过极化融合处理后，测角性能优于水平极化天线测角性能，但劣于垂直极化测角性能。

2. 测角精度与交叉极化干扰强度的关系

图 7.12 和图 7.13 仿真中 SNR=10dB。当存在交叉极化干扰时，随着干扰强度

的增大，水平极化天线测角性能逐渐降低，垂直极化天线测角性能逐渐增强。当交叉极化干扰强度较小或者较大时，由于水平极化和垂直极化天线测角性能差异明显，所以极化融合之后接近于高性能的一方。当交叉极化干扰为 0dB 左右时，水平极化和垂直极化天线测角性能差异很小，经过极化融合之后，测角性能并没有得到改善。图 7.13 给出了极化阵列雷达测角精度与交叉极化干扰强度关系的主要局部放大，并与无干扰情况进行了对比，当交叉极化干扰强度在-10dB～10dB，存在干扰的测角精度劣于无干扰情况。图 7.13 中，无干扰情况下垂直极化阵列测角精度曲线没有显示，因为目标回波的垂直极化分量很小，且目标回波的水平极化分量对其形成交叉极化干扰，使其测角偏差较大失去了对比意义。当交叉极化干扰为 0dB 左右，即交叉干扰强度与目标回波的水平极化分量强度相近时，水平

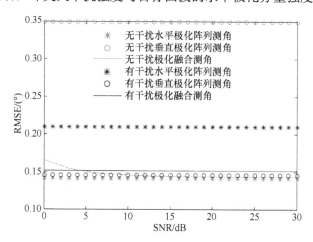

图 7.11　有、无交叉极化干扰情况下测角精度与 SNR 关系

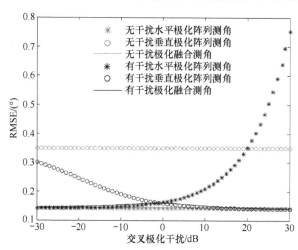

图 7.12　有、无交叉极化干扰情况下测角精度与交叉极化干扰强度关系

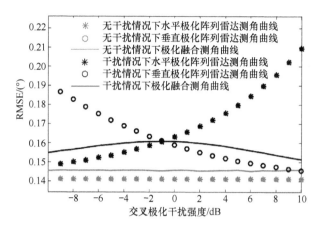

图 7.13　测角精度与交叉极化干扰强度关系

极化阵列天线的测角性能受到干扰性能降低，而垂直极化阵列天线测角性能改善较小，经过极化融合之后，使得极化阵列天线的极化融合测角性能下降，最大下降幅度达到 10.2%。

3. 测角性能与目标回波极化比关系

不同目标的极化散射矩阵是不同的，通常用目标回波极化比对目标的交叉极化分量与共极化分量的关系进行描述。本节主要研究目标回波交叉极化分量大小对交叉极化干扰效果的影响，所以设置 $\phi = \varphi_c - \varphi_m = 0°$。其中 φ_c、φ_m 分别为目标回波交叉极化分量与共极化分量的相位。用 dB 形式表示的目标回波极化比为

$$\rho_{cm} = 20 \cdot \log \frac{E_c}{E_m} \qquad (7.33)$$

式中：E_c 为目标回波的交叉极化分量；E_m 为回波的共极化分量。

进过仿真分析，可得目标回波极化比 ρ_{cm}、对应的最佳交叉极化干扰强度 j_{opt}、性能最大下降幅度 d_{max} 三者关系，见表 7.1。

表 7.1　阵列雷达测角性能下降率与目标回波极化比的关系

ρ_{cm}/dB	j_{opt}/dB	d_{max} / %
−24	−1	10.9
−22	−1	10.6
−20	−1	10.4
−18	−2	10
−16	−2	9.2
−14	−3	8.4
−12	−3	7.2
−10	−3	5.7
−8	−6	4.1

ρ_{cm} /dB	j_{opt} /dB	d_{max} / %
−6	−7	2.6
−4	−9	1.3
−2	−11	0.3
0	−15	0

从表 7.1 中可以看出，对极化融合阵列雷达的交叉极化干扰效果与目标回波的极化比密切相关，回波的极化比越小，交叉极化干扰越大，雷达测角性能下降率越大，即目标回波的交叉极化分量越小，交叉极化干扰越明显。交叉极化干扰功率略小于目标回波的共极化分量功率，对实施干扰的条件要求较低，便于在各种对抗环境下灵活实施。从表中可以看出，当目标回波的交叉极化分量明显小于共极化分量时，交叉极化干扰效果显著，阵列雷达的测角性能下降 10%左右，严重干扰了阵列雷达对目标角度的有效探测。

需要说明的是，采用极化融合单脉冲方法测角的极化阵列雷达具有非常强的抗干扰能力，图 7.13 中，干扰情况下的两条单极化测角曲线的交点在无干扰极化融合测角曲线之上，说明交叉极化干扰对该种体制的雷达是具有一定干扰能力的，可使雷达的测角性能降低，但不会完全失效。

经过以上的仿真分析可知，极化融合单脉冲阵列雷达受到交叉极化干扰时，测角性能会受到一定影响，影响程度与被测目标的回波极化特性密切相关，回波的极化比越小，测角性能下降越大。

7.4 基于极化匹配的单脉冲雷达对抗性能分析

7.3 节研究的基于极化融合的单脉冲测角方法是先进行空域的单脉冲处理，再进行极化域的融合处理。根据极化阵列雷达的特点，可以采用另一种思路：先充分利用极化信息增强信号，然后使用常规阵列雷达单脉冲技术得出目标角度。首先，利用多个阵元的信号估计目标回波极化。然后，对每个阵元两个极化通道的信号进行虚拟极化匹配接收。最后，根据单脉冲原理，给出目标回波到达角（DOA，Direction of Arrival）的估计。

本章首先给出了该方法的处理流程以及原理，然后推导了该方法理论性能，最后通过仿真验证了测角性能与 SNR、目标角度以及回波极化的关系。

7.4.1 信号处理流程

基于虚拟极化匹配的单脉冲测角方法处理流程如图 7.14 所示。首先，根据接收信号生成的极化相干矩阵估计回波的极化状态。然后，依据极化状态估计对接收信号进行虚拟极化匹配，得到使信噪比最大化的匹配输出。最后根据单脉冲原理，得到目标角度的测量。

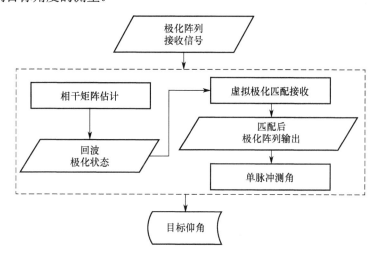

图 7.14　虚拟极化匹配的单脉冲测角方法处理流程

7.4.2　回波极化状态估计

实现虚拟极化匹配关键在于准确估计回波极化状态。采用相干矩阵特征分解方法估计目标回波极化。相干矩阵最大特征值对应的特征矢量为电磁波的极化矢量。将水平极化阵列接收信号矢量 X_H 和垂直极化阵列接收信号矢量 X_V 重排为矩阵：

$$Y = \begin{bmatrix} E_H e^{j\phi_1} + n_{H1} & E_H e^{j\phi_2} + n_H & \cdots & E_H e^{j\phi_N} + n_{HN} \\ E_V e^{j\phi_1} + n_{V1} & E_V e^{j\phi_2} + n_{V2} & \cdots & E_V e^{j\phi_N} + n_{VN} \end{bmatrix} \tag{7.34}$$
$$\triangleq \begin{bmatrix} y_1 & y_2 & \cdots & y_N \end{bmatrix}$$

任一平面波，其电场用矢量形式表示为

$$E_t = \begin{bmatrix} E_x (t) \\ E_y (t) \end{bmatrix} \tag{7.35}$$

极化相干矩阵可以完全表征其极化信息[78]，其定义为

$$C = \left\langle E_t E_t^H \right\rangle \tag{7.36}$$

式中：上标"H"为共轭转置；$\langle \cdot \rangle$ 为求统计平均。在实际应用中，常常将统计平均转化为集合平均，可得到极化相干矩阵的最大似然估计。以空域采样代替时域采样，得回波极化相干矩阵的估计：

$$\hat{C} = YY^h / N \tag{7.37}$$

将矩阵 $\hat{C}$ 记为

$$\hat{C} = \begin{bmatrix} C_{HH} & C_{HV} \\ C_{VH} & C_{VV} \end{bmatrix} \tag{7.38}$$

141

将矩阵 $\hat{\boldsymbol{C}}$ 特征分解，得其特征向量为

$$\begin{cases} \boldsymbol{X}_1 = \begin{bmatrix} 2C_{\mathrm{HV}} \\ C_{\mathrm{VV}} - C_{\mathrm{HH}} + \sqrt{\mathrm{Tr}\boldsymbol{C}^2 - 4\mathrm{Det}\boldsymbol{C}} \end{bmatrix} \\ \boldsymbol{X}_2 = \begin{bmatrix} 2C_{\mathrm{HV}} \\ C_{\mathrm{VV}} - C_{\mathrm{HH}} + \sqrt{\mathrm{Tr}\boldsymbol{C}^2 - 4\mathrm{Det}\boldsymbol{C}} \end{bmatrix} \end{cases} \tag{7.39}$$

式中：$\mathrm{Tr}\cdot$ 为矩阵的秩；$\mathrm{Det}\cdot$ 为矩阵的行列式。

极化相干矩阵最大特征值对应的特征矢量为回波极化的估计，记为

$$\hat{\boldsymbol{h}} = \begin{bmatrix} \cos\hat{\gamma} \\ \sin\hat{\gamma}\mathrm{e}^{\mathrm{j}\hat{\eta}} \end{bmatrix} = \boldsymbol{X}_1 \tag{7.40}$$

7.4.3　虚拟极化匹配及单脉冲测量

虚拟极化技术可通过对正交极化接收通道信号进行适当处理，达到与实际改变天线极化方式相同的效果。依据回波极化状态估计 $\hat{\boldsymbol{h}}$，对水平和垂直极化阵列输出进行幅相加权，得到虚拟极化匹配输出。第 i 个极化阵元匹配输出为

$$z_i = \hat{\boldsymbol{h}}^{\mathrm{h}}\mathrm{y}_i, i = 1,2,\cdots,N \tag{7.41}$$

虚拟极化匹配后阵列输出记为

$$\boldsymbol{Z}^{\mathrm{T}} \triangleq [z_1 \ z_2 \ \cdots \ z_N] \tag{7.42}$$

则和差波束输出为

$$\begin{cases} \Sigma = \boldsymbol{s}^{\mathrm{h}}(\theta_0)\boldsymbol{Z} \\ \Delta = \boldsymbol{d}^{\mathrm{h}}(\theta_0)\boldsymbol{Z} = [\boldsymbol{w}_{\mathrm{d}} \odot \boldsymbol{s}(\theta_0)]^{\mathrm{h}}\boldsymbol{Z} \end{cases} \tag{7.43}$$

式中：和差波束幅相加权 $\boldsymbol{s}(\theta_0)$、$\boldsymbol{d}(\theta_0)$ 对虚拟极化匹配输出进行单脉冲测角，得角度测量值 $\hat{\theta}$。测角公式为

$$\hat{u} = u_0 + k\mathrm{IM}\left[\frac{\Delta}{\Sigma}\right] \tag{7.44}$$

7.4.4　理论性能和仿真验证

该方法是对极化阵列输出进行虚拟极化匹配，然后进行常规的阵列雷达单脉冲处理。因此，该方法与常规阵列雷达单脉冲方法测角精度一致，即

$$\sigma_\theta^2 = \frac{k_2\theta_{3\mathrm{dB}}^2}{\mathrm{SNR}} \tag{7.45}$$

式中：SNR 为极化匹配后的信噪比，$\mathrm{SNR} = |A|^2/\sigma^2$。

通过计算机仿真验证基于虚拟极化匹配的单脉冲测角性能，并与单极化阵列测角性能进行对比。仿真给出估计精度与 SNR、目标角度以及回波极化的关系。

仿真设置：阵元数 $N=16$，阵元间距半波长，波束指向 $\theta_0=0°$。蒙特卡罗次数

M=1000。上述为共同参数设置，其余参数视具体情况另行说明。

1. RMSE 与 SNR 的关系

图 7.15 给出了四种回波极化状态下，不同方法 RMSE 与信噪比的关系曲线，其中目标仰角 θ=0°。从图 7.15 可以得到以下结果：

（1）H 极化阵列单脉冲、V 极化阵列单脉冲和极化匹配单脉冲的测角性能均随着信噪比增高而提升。极化匹配单脉冲方法角度测量非常精确。

（2）三种单脉冲方法测角性能有差距，差距与回波极化状态有关。当水平极化分量大时，H 极化阵列单脉冲测角性能优于 V 极化阵列单脉冲测角性能，但四种回波极化状态下，极化匹配单脉冲测角性能都优于 H、V 极化阵列单脉冲测角性能。

从图 7.15 的结果可以得出，极化匹配单脉冲测角精度高，对于上述四种回波极化状态，测角性能都优于单极化阵列单脉冲方法。另外，当 SNR 逐渐提高，估计精度逐渐接近 CRLB。特别是在大 SNR 条件下，仿真结果可达到 CRLB，说明该方法得到的角度估计是渐进有效的。

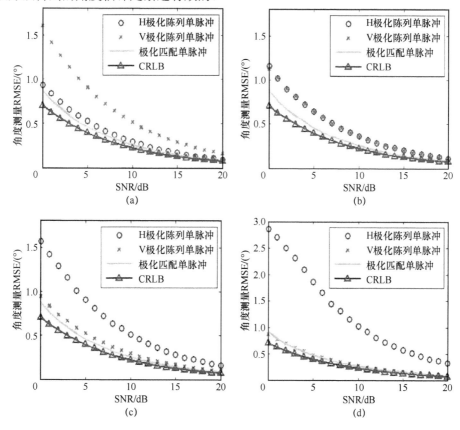

图 7.15　图 4.2　RMSE 与 SNR 的关系

（a）γ=π/6；（b）γ=π/4；（c）γ=π/3；（d）γ=5π/12。

2. RMSE 与目标角度的关系

图 7.16 给出了四种不同回波极化状态下，不同方法 RMSE 与目标角度的关系曲线。从图 7.16 可以看出：估计误差随着目标远离雷达波束指向而增大，但是变化幅度很小，说明测角性能受到达角影响较小；对于任意给定的回波极化状态，极化融合单脉冲的测角性能都优于单极化阵列单脉冲方法。

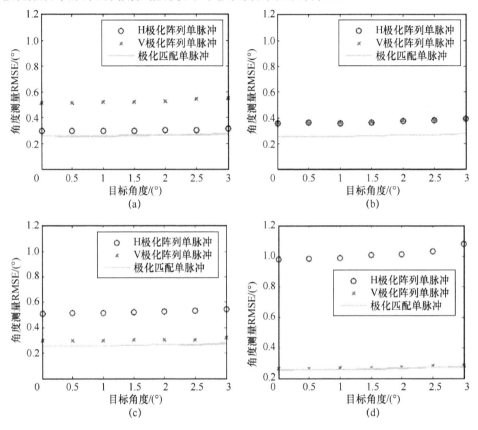

图 7.16　RMSE 与目标角度的关系

（a）γ=π/6；（b）γ=π/4；（c）γ=π/3；（d）γ=5π/12。

3. RMSE 与极化角的关系

图 7.17 给出了 RMSE 与极化角 γ 的关系，其中 SNR=10dB。从图 7.17 中可以看出：单极化阵列测角性能敏感于回波极化状态的变化，且不同极化状态下测角性能相差较大。理论分析和仿真验证表明：极化阵列雷达单脉冲方法测角精度高；使用极化匹配方法可以充分利用目标回波极化信息，使得极化阵列单脉冲测角性能优于单极化阵列，且测角性能不受回波极化状态的影响，因此，较单极化阵列雷达测角具有更好的适应性和稳健性。

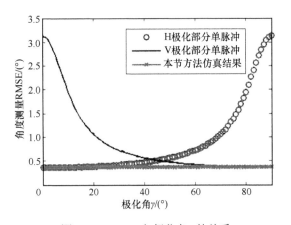

图 7.17   RMSE 与极化角γ 的关系

7.4.5   交叉极化干扰下的极化单脉冲雷达性能

基于极化匹配的单脉冲雷达测角方法关键在于准确估计回波极化状态，所以本节对其回波极化状态估计过程进行交叉极化干扰，力图达到干扰其角度测量的目的。

假设极化阵列雷达采用双极化工作模式，即发射水平极化波的同时接收水平极化回波和垂直极化回波，然后根据接收到的水平极化波和垂直极化波分量进行回波极化状态估计，进而对每个阵元两个极化通道的信号进行虚拟极化匹配接收。同时，极化阵列雷达采用的是单脉冲模式，只需要一个脉冲就可以完成测角。所以，在仿真中，当进行回波极化状态估计时从目标处释放交叉极化干扰信号，当进行单脉冲测角时停止释放交叉极化干扰信号，使得估计得到的回波极化状态与真实的目标回波极化状态不符。由于天线的虚拟极化与目标回波极化不匹配，带来极化阵列输出信号的信噪比下降，导致测角误差增大。对极化匹配阵列雷达测角的交叉极化干扰流程如图 7.18 所示。

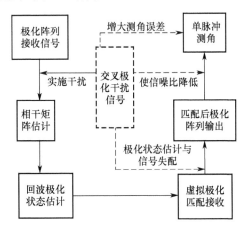

图 7.18   对极化匹配阵列雷达测角的交叉极化干扰方法流程

仿真中设置阵元数 N=16，阵元间距半波长，波束指向 $\theta_0 = 0°$，目标所在角度为 $\theta = 2°$，信噪比 SNR=10dB，蒙特卡罗次数 M =1000。

图 7.19 所示为极化匹配测角性能随交叉极化干扰强度变化曲线，交叉极化干扰强度单位为 dB，是与目标共极化分量的比值。根据实际情况，设定阵列雷达处于双极化工作模式，即发射水平极化波，同时接收水平极化回波和垂直极化回波，目标回波的交叉极化分量比共极化分量小 20dB。从图 7.19 可以看出，水平极化单脉冲测角性能明显优于垂直极化单脉冲测角性能，经过极化匹配处理后得到的测角性能更趋向于水平极化单脉冲测角性能，当交叉极化干扰强度为-30dB 时，极化匹配测角性能几乎与水平极化单脉冲测角性能曲线相交，就证明了这一点。随着交叉极化干扰强度的增大，极化匹配测角误差逐渐增大，因为交叉极化干扰强度越大，使得目标回波极化状态估计越不准确，对接收信号进行虚拟极化匹配后，得到的信噪比与水平极化单脉冲测角相比，没有提高反而降低，最终导致极化阵列测角性能的下降，起到干扰的目的。

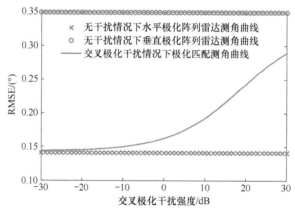

图 7.19　极化匹配测角性能随交叉极化干扰强度变化曲线

7.5　变极化对自适应极化对消的对抗性能分析

目前，地面情报雷达大多工作于水平/垂直极化状态，部分兼顾圆极化工作模式，因此有源雷达干扰通常选择斜极化或圆极化，通过功率上牺牲 3～6dB 的方式，达到对各种极化方式雷达的可靠干扰。但是当雷达采用极化对消、旁瓣对消、旁瓣匿影、极化识别等抗干扰措施后，固定极化干扰能量损失可达 15dB 以上，即使有少量的干扰能量进入形成假目标，如果雷达具备极化域处理能力，则雷达可通过极化特征来识别电假目标信号并消除影响。然而，当干扰信号的极化状态快速变化，就可以降低传统的极化抗干扰方法的作用，使抗干扰能力降低，甚至失效。变极化干扰的实质是对固定极化干扰信号再次进行极化域调制，一方面可以通过测量得到雷达的工作极化，自适应调整自身干扰极化与雷达接收极化匹配，提高干扰能量利用效率；另一方面，也可以采用干扰变化策略（如脉间极化捷变，正交变极化、随机变极化），破坏雷达的极化抗干扰信号处理链路。利用雷达天线空域极化特性，还可以对抗雷达空域抗干扰措施。广泛部署于美军各型宙斯盾舰的 APECS II/III 舰载干扰机，其一大特点是具有极化分集干扰能力，干扰极化方式可变，可以对主动雷达制导导引头实施极化诱偏干扰。

7.5.1　极化侦察原理

实施变极化干扰首先要实时掌握雷达信号极化以及极化变化的活动规律。极化侦察要在时、频域截获雷达信号并完成时频域分析后进行极化参数分析。根据极化电磁理论，可以采用"相位–幅度"法进行极化参数分析，它采用一对等相位中心的极化正交天线，通过测量两幅天线接收信号的幅度比和相位差间接测得来波极化方向，也可以通过第 3 章中的方法估计接收信号的极化。

假设侦察和干扰共用一对正交极化天线，如图 7.20 所示，雷达信号为线性调频信号，且脉内极化不变，侦察天线为一对左旋、右旋圆极化天线，在左旋、右旋极化基下，设两路天线侦收信号为

$$\begin{cases} x_{\mathrm{R}}(t) = m_{\mathrm{A}}\cos\delta\mathrm{e}^{\mathrm{j}\left(2\pi f_0 t + kt^2 + \phi_{\mathrm{R}}\right)} + n_{\mathrm{R}}(t) \\ x_{\mathrm{L}}(t) = m_{\mathrm{A}}\sin\delta\mathrm{e}^{\mathrm{j}\left(2\pi f_0 t + kt^2 + \phi_{\mathrm{L}}\right)} + n_{\mathrm{L}}(t) \end{cases} \tag{7.46}$$

式中：m_{A} 为雷达功率、雷达天线和空间传播衰减带来的综合系数，对于两个极化通道而言是相等的；$n_{\mathrm{R}}(t)$ 和 $n_{\mathrm{L}}(t)$ 分别为两通道接收噪声。令 $\theta = \langle\delta\rangle$、$\varphi = \langle\varphi_{\mathrm{R}} - \varphi_{\mathrm{L}}\rangle$，则雷达波极化状态由 (θ,φ) 唯一表征，部分雷达极化波的极化侦察参数见表 7.2。

图 7.20　正交极化天线示意图

表 7.2　雷达波极化侦察参数表

侦察参数	雷达工作极化					
	水平	垂直	45°	135°	左旋	右旋
θ	$\pi/4$	$\pi/4$	$\pi/4$	$\pi/4$	0	$\pi/2$
φ	0	π	$\pi/2$	$3\pi/4$	$\pi/2$	$\pi/2$

由表 7.2 可见，对于任意方向的线极化雷达，两个圆极化天线侦收信号的幅度是相等的，雷达波极化方向恰好是两天线接收信号相位差的 1/2。受雷达天线俯仰和侦察天线俯仰关系的影响，侦察系统测得的雷达波极化方向并非完全等价于雷达的工作极化，还需结合一定的先验知识和雷达用途对雷达工作极化进行综合判定。

在实际应用中，电子对抗作战行动和作战对象的不同，使得侦察接收机截获信号的强度不同，采用"相位-幅度法"估计雷达极化参数的实现也有所不同。

在随队支援干扰、自卫干扰或者弹载干扰机突防模式下，对制导雷达的侦察从其主瓣接收信号，侦收信号的信噪比（SNR）较高。可以通过时间平均代替集平均，直接测量两正交接收通道的幅度比和相位差，在时域估计雷达极化方式。

在远距离支援干扰模式下，对搜索雷达的侦察多从旁瓣接收信号，此时侦收信号的 SNR 较低，雷达旁瓣极化特性十分不稳定，在时域直接测量两正交通道的幅度比和相位差误差较大，可对测量数据进行傅里叶变换，利用傅里叶变换后噪声频谱展宽、信号频谱集中的特点，在频域上测量频谱的幅度比和相位差。

7.5.2　变极化干扰原理

根据极化电磁理论，任意极化电磁波也可以由两个正交极化波通过空间波合成获得，通过控制两个正交极化发射通道馈源的幅度比和相位差，可以产生任意极化方向电磁波，其原理结构如图 7.21 所示。移相通常在基带信号完成，幅度衰减通过过程控完成。该方式实现变极化具有响应速度快、功率容量大、变极化范围广等诸多优点，对通道一致性要求较高。功分移相结构实现变极化可以通过一对正交极化天线在空间合成实现，也可以基于微带天线通过双端口馈电实现。

由于现有干扰机大多采用圆极化天线或者斜极化天线，因此天线系统可由一对左旋和右旋圆极化天线组成，干扰与侦察共用一套天线系统。

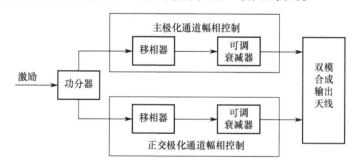

图 7.21　功分移相结构实现变极化

侦察接收机在准确测得雷达波极化后，引导干扰机调整干扰极化与雷达极化匹配，使进入雷达天线的干扰能量最大化。当雷达采用自适应极化对消、旁瓣对消、极化识别等抗干扰措施后，干扰能量即使能够进入雷达射频接收链路，却无法通过雷达信号处理链路，因此需要采取合适的变极化策略，正交变极化即有这方面的优势。正交变极化干扰即干扰极化在两个相互正交的极化状态之间反复跳变，这两个极化状态可以任意选择，也可以根据雷达波极化来设置，跳变可以是周期的，也可以是随机的，这种正交变极化干扰可以用来破坏雷达极化域和空域抗干扰信息处理链路。图 7.22 是一个可以在左旋圆极化和右旋圆极化之间任意切换的正交变圆极化八木天线示意图。

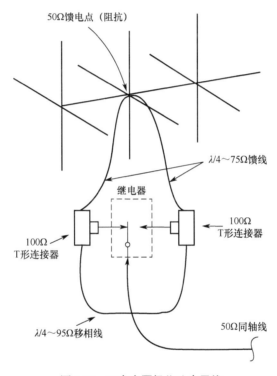

图 7.22　正交变圆极化八木天线

7.5.3　自适应极化对消（APC）技术原理

　　从抑制干扰的角度来说，估计出干扰的极化状态，然后选择其交叉极化进行接收，可以对干扰信号进行有效抑制。 但是，也可以不估计干扰的极化状态，而是利用正交极化通道信号的互相关计算出两个通道的加权系数实现干扰的对消。这就是 APC（Adaptive Polarization Canceller），即自适应极化对消器，它最早由 Nathenson 在研究雨杂波对消问题中提出，并给出了相关实现框图。其实质是利用正交极化通道信号的互相关来计算两通道的加权系数，Gherardelli 将其称为准最佳自适应极化滤波器。Gherardelli 证明了相比利用开环系统估计入射干扰极化状态的最佳自适应极化滤波器，准最佳自适应极化滤波器有少量对消损失，但是系统构造简单，易于工程实现。但是受制于低通滤波器较长的响应时间，APC 系统的收敛速度难以保证，当干扰极化状态随时间变化较快时，对消性能会严重下降。针对这些问题，采用 APC 迭代滤波算法可以解决 APC 收敛慢的缺陷。

APC 迭代滤波算法的工作流程如图 7.23 所示。在极化对消器中，首先只接收干扰信号，将接收到干扰信号功率较小的通道作为主极化通道，接收到干扰信号功率较大的通道作为辅助极化通道，经过迭代运算，得到辅助极化通道的最佳加权系数。然后用最佳加权系数对辅助极化通道加权以对消干扰。

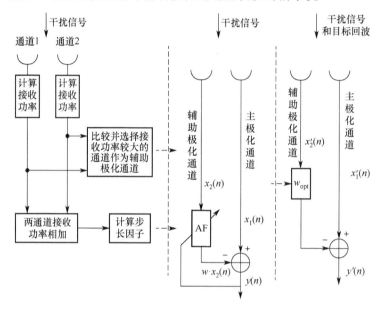

图 7.23 含预处理的 APC 工作流程图

通道 1 和通道 2 的接收极化状态用归一化 Jones 矢量为 h_1 和 h_2，且互为正交极化状态（$h_1^h h_2 = 0$）。入射干扰极化状态用归一化 Jones 矢量为 h_J，干扰信号矢量表达式为 $h_J \cdot j(n)$，平均功率为 P_J，天线 1 和天线 2 接收到的信号分别为

$$x_1(n) = h_1^T h_J \cdot j(n) + n_1(n) \tag{7.47}$$

$$x_2(n) = h_2^T h_J \cdot j(n) + n_2(n) \tag{7.48}$$

式中：$n_1(n)$ 和 $n_2(n)$ 分别为两个通道的噪声信号，它们相互独立且与干扰信号独立，平均功率为 P_n。首先只接收干扰信号，将接收到干扰信号功率较小的通道作为主极化通道，接收到干扰信号功率较大的通道作为辅助极化通道，这里假设通道 1 为主极化通道，通道 2 为辅助极化通道。则经对消后信号为

$$y(n) = x_1(n) - w(n)x_2(n) \tag{7.49}$$

式中：$w(n)$ 为辅助通道权系数。以输出干扰功率最小为原则，应该使：

$$\xi = E\left[y(n)y^*(n) \right] \tag{7.50}$$
$$= |w|^2 E\left[x_2(n)x_2^*(n) \right] + E\left[x_1(n)x_1^*(n) \right] - w^* E\left[x_1(n)x_2^*(n) \right] - w E\left[x_1^*(n)x_2(n) \right]$$

最小。可见，ξ 是权值 w 的函数，我们的目标是寻求 w 的最佳值 w_{opt}，使 ξ 最小，即 $\xi(w_{\text{opt}}) = \xi_{\min}$。虽然令 ξ 对 w 梯度（ξ 对 w 梯度记为 $\nabla_w \xi$）为 0 就可以得到最佳权值 w_{opt} 为

$$w_{\text{opt}} = \frac{E\left[x_1(n)x_2^*(n) \right]}{E\left[x_2(n)x_2^*(n) \right]} = \frac{\boldsymbol{h}_1^{\text{T}} \boldsymbol{h}_{\text{J}} (\boldsymbol{h}_2^{\text{T}} \boldsymbol{h}_{\text{J}})^* P_{\text{J}}}{\left| \boldsymbol{h}_2^{\text{T}} \boldsymbol{h}_{\text{J}} \right|^2 P_{\text{J}} + P_n} \tag{7.51}$$

但是由于由式（7.51）求 w_{opt} 时需要知道干扰的极化状态，而干扰极化状态的信息是未知的，所以需要用迭代的方式确定最佳权值。这里采用最陡梯度的思想，负梯度方向 $-\nabla_w \xi$ 是 ξ 减小最快的方向，从而得到递推公式为

$$v(n) = \left\{ 1 - 2\mu E\left[x_2(n)x_2^*(n) \right] \right\}^n v(0) \tag{7.52}$$

式中：$v(n) = w(n) - w_{\text{opt}}$，显然可见步长因子 μ 决定了收敛条件和收敛速度，由式（7.48）可知 $E\left[x_2(n)x_2^*(n) \right] = \left| \boldsymbol{h}_2^{\text{T}} \boldsymbol{h}_{\text{J}} \right|^2 P_{\text{J}} + P_n$，由于 $\left| \boldsymbol{h}_2^{\text{T}} \boldsymbol{h}_{\text{J}} \right|^2 \leqslant \|\boldsymbol{h}_2\|^2 \|\boldsymbol{h}_{\text{J}}\|^2 = 1$，所以 $E\left[x_2(n)x_2^*(n) \right] \leqslant P_{\text{J}} + P_n$，若要保证式（7.52）收敛，需要 $\left| 1 - 2\mu E\left[x_2(n)x_2^*(n) \right] \right| < 1$，从而步长因子 μ 应满足：

$$0 < \mu \ll \frac{1}{P_{\text{J}} + P_n} \tag{7.53}$$

在实际使用时，两通道接收的干扰功率相加可以得到 $P_{\text{J}} + 2P_n$ 的估计，由于 P_n 可大致估计，且影响较弱，所以可以由式（7.53）确定步长因子。

因为求 $\nabla_w \xi$ 要知道 $E\left[y(n)y^*(n) \right]$，而 $E\left[y(n)y^*(n) \right]$ 难以得到，所以我们用 $\hat{\nabla}_w \xi = \nabla_w \left[y(n)y^*(n) \right]$ 来代替 $\nabla_w \xi$，经计算得

$$\nabla_w \left[y(n)y^*(n) \right] = -2x_2^*(n)y(n) \tag{7.54}$$

当满足一定条件时，终止迭代运算，这时得到的权值为 w'_{opt}，然后同时接收干扰信号和目标回波，以最佳权值进行对消。

假设：入射信号为 $S_i(n) = \boldsymbol{h}s(n)$，为完全极化波，其中 $\boldsymbol{h}$ 为归一化 Jones 矢量，$s(n)$ 为信号波形，令 $\boldsymbol{h}_{\Sigma} = \boldsymbol{h}_1 - w\boldsymbol{h}_2$ 为两通道合成的接收极化 Jones 矢量（通道 1 为主极化通道，通道 2 为辅助极化通道），则输出信号为 $S_o(n) = \boldsymbol{h}_{\Sigma} S_i(n) = \boldsymbol{h}_{\Sigma}^{\text{T}} \boldsymbol{h}s(n)$。如果把入射信号的极化方式 $\boldsymbol{h}(\gamma, \phi) = [\cos\gamma, \sin\gamma\, \text{e}^{\text{j}\phi}]^{\text{T}}$（$\gamma \in [0, \pi/2]$，$\phi \in [0, 2\pi]$ 为波的极化相位描述子）作为自变量，则输出信号功率与输入信号功率之比（也就是平均欧氏范数平方之比）为

$$F(\gamma,\phi)=\frac{E\left[\left\|S_{\mathrm{o}}(n)\right\|_2^2\right]}{E\left[\left\|S_{\mathrm{i}}(n)\right\|_2^2\right]}=\frac{\left|\boldsymbol{h}_\Sigma^{\mathrm{T}}\boldsymbol{h}\right|^2 P_{\mathrm{s}}}{\left|\boldsymbol{h}^{\mathrm{T}}\boldsymbol{h}\right|^2 P_{\mathrm{s}}}=\left|\boldsymbol{h}_\Sigma^{\mathrm{T}}\boldsymbol{h}(\gamma,\phi)\right|^2 \qquad(7.55)$$

式中：P_{s} 为入射信号功率。

该物理量反映了 APC 极化滤波器对来波极化的选择性，将其称为极化增益图。

7.5.4 APC 仿真实验与分析

1. 单个极化干扰的情况

期望信号为频率 500kHz 的正弦波信号，幅度为 0.1 V，信干比为-40dB，信噪比为-10dB；干扰及接收机噪声带宽为 1MHz，采样率为 2MHz，采样点数为 10000；期望信号相位描述子为（72°,72°），干扰相位描述子为（22.5°,324°）。通道 1 为垂直极化接收，通道 2 为水平极化接收，由预处理选择通道 2 为辅助极化通道（因为 2 通道接收的干扰信号功率较大），且其权系数初值设为 0，步长因子取为 $\mu=0.1/(P_{\mathrm{J}}+P_n)=1.998\times10^9$。

图 7.24（a）为极化对消前的极化增益图，这时，假定接收极化状态是辅助通道的极化状态 $\boldsymbol{h}_2$，可以看出来，在干扰处的增益较大而在目标处的增益较小；图 7.24（b）是对消后的极化增益图。这时接收极化状态为 $\boldsymbol{h}_\Sigma=\boldsymbol{h}_1-w(N)\boldsymbol{h}_2$。权系数 $w(N)$ 是权系数迭代运算的最终结果，N 为迭代步数。由图 7.24（b）可见，这时干扰处的极化增益已经很小了。

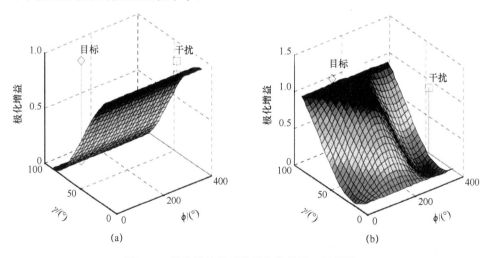

图 7.24　极化滤波前后的极化增益图（见彩图）

（a）极化滤波前的极化增益图；（b）极化滤波后的极化增益图。

图 7.25 所示为 APC 系数迭代过程。而由图 7.26 可以看出，经过对消后信号频谱在频域凸现出来。

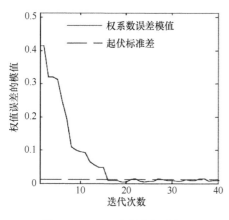

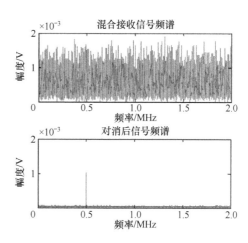

图 7.25　APC 系数迭代过程　　　　　　　图 7.26　APC 对消前后信号频谱

2. 多个干扰同时存在的情况

这时干扰数增加一个，极化相位描述子为（67.5°，144°），其他参数同上，图 7.27 是在两个干扰情况下的干扰增益图，可以看到，在干扰 1 处的极化增益较小，但是在干扰 2 处的极化增益却比较大，说明 APC 迭代滤波算法不能将两个干扰同时滤除。

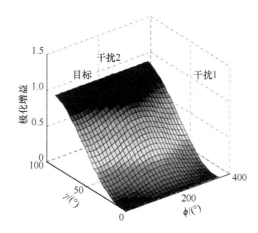

图 7.27　APC 对消后的极化增益图（多个极化干扰）（见彩图）

7.5.5　正交变极化干扰仿真实验与分析

雷达在计算最佳权系数的过程中，要求干扰信号的极化状态不变。但是，如果干扰信号极化状态发生快变，就很有可能破坏雷达的算权收敛过程。设侦察得到雷达发射极化为 h_t，干扰极化在 h_t 和 h_t^* 之间跳变，当干扰极化的正交变化周期小于 APC 的算权收敛时间（图 7.28 中的干扰时序 1），使其始终处于算权过程，算权过程不收敛，则可以达到一定的"极化阻塞干扰"效果。当干扰极化正交变

153

化周期约等于 APC 一个工作周期（图 7.28 中的干扰时序 2），APC 根据干扰极化计算得到最优权值后，调整接收极化至附近，此时干扰极化突变至与雷达极化匹配，此时最优权值失效，干扰能量最大化进入雷达接收系统，达到一种"极化拖引干扰"效果。但干扰时序 2 更难把控，因为较难预知 APC 的工作周期。

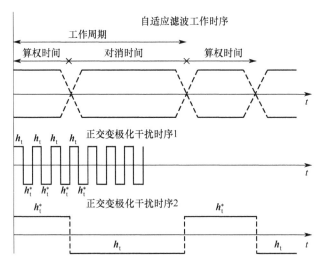

图 7.28　针对 APC 的正交变极化干扰时序

图 7.29 所示为对采用 APC 抗干扰措施的脉冲压缩雷达实施正交变极化干扰的干扰效果。雷达发射极化为水平极化，接收极化为水平和垂直双极化。干扰信号为带限调频噪声，采用图 7.28 中的正交变极化时序 1，干扰极化在左旋圆极化和右旋圆极化之间周期跳变。

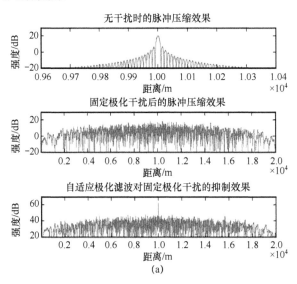

(a)

154

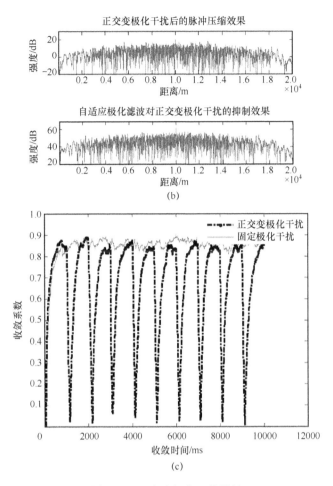

图 7.29　正交变极化干扰效果

（a）固定极化干扰后的脉冲压缩结果；（b）正交变极化干扰后的脉冲压缩结果；（c）APC 权系数收敛过程。

从图 7.29（a）是固定圆极化干扰后的脉冲压缩结果，从图中可知，干扰成功淹没目标，经过 APC 处理后，干扰被抑制，目标信号可见，信干比约 20dB，表明 APC 对固定极化干扰有较好的抑制效果。图 7.29（b）中展示了正交变极化干扰后的脉冲压缩结果，干扰成功淹没目标，再次经过 APC 处理后，干扰仍然较强，目标信号较弱，信干比约 7dB，表明正交变极化干扰对 APC 有一定的干扰效果。图 7.29（c）展示了固定极化干扰和正交变极化干扰下的 APC 权系数收敛过程，在固定极化干扰下，APC 过程快速收敛，正交变极化干扰下，滤波过程不再收敛。

7.6　正交变极化对极化识别的干扰

转发式有源干扰形成的假目标主要在时域、频域形成欺骗和密集遮盖效果，由于并不是真实目标散射形成的回波，因此不具有真实目标电磁散射的极化特征。极化识别通过分析目标极化散射特性，提取目标后向散射的极化特征来鉴别真假目标。进行极化特征提取的前提要测得目标散射的极化相干矩阵，目前各国现役极化雷达多以分时极化测量体制获得，即交替发射正交极化的脉冲波，在脉冲间进行发射极化的切换，对每一个脉冲回波同时进行两路极化接收。分时极化测量体制假设目标姿态在相邻两个脉冲时间内缓变，目标姿态变化引起的散射特性变化可以忽略。

假设雷达以水平、垂直极化交替发射，水平垂直极化同时接收，设目标散射极化的相干矩阵为 $s = \begin{bmatrix} s_{HH} & s_{HV} \\ s_{VH} & s_{VV} \end{bmatrix}$，$s^{h} = s$，发射水平极化脉冲测得 s_{HH} 和 s_{HV}，发射垂直极化脉冲测得 s_{VV} 和 s_{VH}，由于目标后向散射以共极化为主，可知 $|S_{HH}| = |S_{VV}| > |S_{HV}| = |S_{VH}|$，当干扰机以固定圆极化或者 $45°/135°$ 极化实施干扰时，雷达接收干扰信号的相干矩阵 $S_{j} = \begin{bmatrix} S_{HHj} & S_{HVj} \\ S_{VHj} & S_{VVj} \end{bmatrix}$，由于干扰极化不变，可知 $|S_{HHj}| = |S_{VVj}| = |S_{HVj}| = |S_{VHj}|$，以 $\eta = |s_{HH} - s_{HV}|$ 为极化识别量，设置门限 ξ，则有

$$\begin{cases} \text{真目标} \ \eta \geqslant \xi \\ \text{假目标} \ \eta < \xi \end{cases}$$

针对以上极化识别措施，有源假目标干扰可以通过模拟真目标的散射极化相干矩阵，使假目标的极化识别量超过极化识别的检测门限，当实施密集假目标干扰时，可以抬高极化识别的检测门限。极化侦察系统测得雷达脉冲重复周期（PRI）和交替发射水平垂直极化波的时序后，对转发式的有源假目标按照对应的极化变化时序进行极化调制即可，干扰极化状态变化周期为 $2×PRF$。以图 7.30 中变极化时序 1 实施干扰时，干扰信号在雷达接收处形成的极化相干矩阵中各元素关系为 $|S_{HHj}| = |S_{VVj}| = |S_{HVj}| = |S_{VHj}|$；以变极化时序 2 实施干扰时，极化相干矩阵中各元素关系为 $|S_{HVj}| = |S_{VHj}| = |S_{HHj}| = |S_{VVj}|$。无论采用变极化干扰时序 1 还是时序 2 实施干扰，均有 $\eta = |S_{HHj} - S_{HVj}| > \xi$，假目标均能通过极化识别门限。

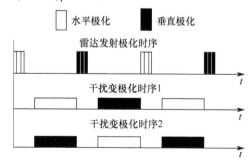

图 7.30　针对极化识别的变极化干扰时序

第 8 章　对雷达旁瓣的交叉极化干扰技术

8.1　对雷达旁瓣对消器 ASLC 的变极化干扰分析

任何天线都存在不同程度的正交极化耦合度，也就是说，在接收主极化电磁信号时，还会接收交叉极化电磁信号分量。当干扰为任意极化干扰固定波束雷达，由于主辅天线极化特性的不一致，最终将导致自适应旁瓣对消系统通道幅相不一致，特别是当干扰方实施交叉极化干扰时，主辅通道幅相不一致最严重，系统工作性能显著下降，干扰对消比最差。

8.1.1　ASLC 系统工作原理

旁瓣对消（SLC）的主要目的是为了抑制从某一方位由雷达天线旁瓣进入的有源干扰。通过增加数个增益较小的辅助天线，利用辅助天线与主天线旁瓣所接收的干扰信号之间的相关性（主天线信号是辅助天线信号的延时形式），通过一定算法对辅助天线信号进行加权，并与主天线信号相减，从而抑制主天线旁瓣接收的干扰。以一部典型的相干旁瓣对消器为例，如图 8.1 所示，远处自由空间有一入射角为 θ 的点频干扰，被主天线和辅助天线同时接收，由于在到达主辅天线时存在波程差，再加上两天线的增益不同，导致两路干扰信号的相位、幅度都存在差异。旁瓣对消正是在于根据干扰自适应地调节复权值的值，使辅助天线上的干扰相位和振幅同主天线上的一样。由此，经两路相减后，总输出为零，主天线旁瓣接收的干扰被消除。此时，若把主、辅天线看成整体，在合成方向天线方向图会形成

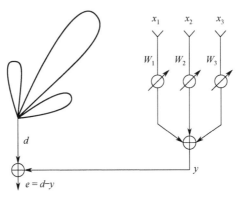

图 8.1　旁瓣对消系统示意图

157

一个零点。但由于主天线主瓣增益要比辅助天线增益高得多，故辅助天线对主天线主瓣增益影响不大，旁瓣对消系统对主瓣接收的目标信号基本没有影响。

旁瓣对消一般分为开环技术和闭环技术两大类，其中闭环技术（或者称为反馈控制技术）较早出现。运用闭环式旁瓣对消系统时，主天线输出与辅助天线加权后的输出之间的误差信号介入自适应算法以控制滤波器的参数，也就是说，自适应是通过输出信号的反馈实现的，通过逐渐改变加权系数来达到对消最佳状态，取出旁瓣干扰。闭环结构的旁瓣对消系统达到稳定时的对消比较高，具有较好的稳态误差，在雷达系统中有较广泛的应用。

开环系统仅通过对输入数据进行一定的算法实现调整，数字闭环式旁瓣对消虽然具有计算速度和收敛速度快、工作性能稳定、设备量小等优点，但是由于其一般放置在接收系统的后端，如果从接收机前端进入的干扰信号强度很大，则旁瓣对消系统对信干比、信噪比的改善就会很有限，不能充分发挥旁瓣对消系统的作用。

一般来说，雷达旁瓣对消系统的具体结构是由该系统所采用的性能量度准则及对应的算法决定的，所用准则、算法的不同会影响旁瓣对消系统的结构与性能。自适应滤波算法可以针对不同时刻的接收信号，自适应地调节滤波参数，以适应信号和噪声未知的或随机变化的统计特性，准确地提取有用信号。

SLC 主要是对付压制干扰（指准连续波噪声信号），在压制噪声干扰条件下，利用典型的相干旁瓣对消原理，在满足一定的幅度、相位要求及满足对消器控制信号产生需要的一定的时间常数的要求下，符合雷达 SLC 抗干扰条件而具有抗干扰能力及效果。

设主天线方向图函数为 $F_M(\theta)$，辅助天线方向图函数均为 $F_A(\theta)$，系统具有 L 个辅助通道，主、辅阵列接收的快拍数据可表示为

$$V_M(t) = F_M(\theta)s(t) + n_M(t) \tag{8.1}$$

$$V(t) = F_A(\theta)s(t)a_A(\theta) + n(t) \tag{8.2}$$

式中：$a_A(\theta) = \left[e^{-j\frac{2\pi}{\lambda}d_1\sin\theta}, e^{-j\frac{2\pi}{\lambda}d_2\sin\theta}, \cdots, e^{-j\frac{2\pi}{\lambda}d_L\sin\theta} \right]^T$；$d_i$ 为第 i 个辅助天线相位中心与主天线相位中心之间的距离；$s(t)$ 为信号复包络；$n_M(t)$、$n(t)$ 分别为主辅通道噪声。

ASLC 系统权值方程为

$$MW = \mu R \tag{8.3}$$

式中：$M = E\{V \cdot V^T\}$ 为辅助通道干扰相关矩阵；$R = E\{V_M V^*\}$ 为各辅助通道与主通道的干扰相关矩阵；W 为辅助通道自适应加权系数；μ 为任意常数。ASLC 系统的干扰对消比（Cancellation Ratio,CR）定义为：无期望信号条件下没有辅助通道时系统输出功率与有辅助通道时系统输出功率之比，即

$$C_R = \frac{E\left\{|V_M|^2\right\}}{P_{res}} = \frac{E\left\{|V_M|^2\right\}}{E\left\{|V_M - W^T V|^2\right\}} = \frac{E\left\{|V_M|^2\right\}}{E\left\{|V_M|^2\right\} - R^H M^{-1} R} \tag{8.4}$$

式中：$P_{res} = E\left\{\left|V_M - W^T V\right|^2\right\}$ 为干扰对消剩余。

仿真中，采用高斯函数 $G = e^{-\frac{x^2}{2\sigma^2}}$ 模拟主极化方向图。利用高斯函数一阶导数 $G_x = -\dfrac{x}{\sigma^2} e^{-\frac{x^2}{2\sigma^2}}$ 模拟交叉极化方向图。二维高斯函数二阶导数 $G_{xy} = \dfrac{xy}{\sigma^4} e^{-\frac{x^2}{2\sigma_x^2}} e^{-\frac{y^2}{2\sigma_x^2}}$。主天线和副天线方向图如图8.2所示。可以看出，主天线的第一主瓣为3.8° 第二旁瓣为6.2°。

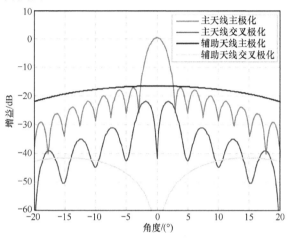

图 8.2 主天线和副天线方向图（见彩图）

当干扰与信号不含交叉极化分量，信号来波方向为0°，干扰来波方向为6.2°，位于主天线的第二旁瓣，辅助天线数量为4。从图8.3中可以看出，经过对消后在干扰方向形成凹陷，旁瓣对消效果较好。

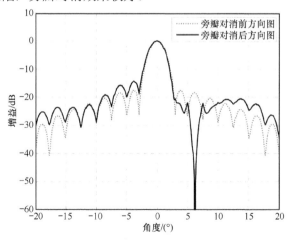

图 8.3 常规旁瓣对消效果（见彩图）

8.1.2　天线极化特性对信号幅相的影响

不失一般性，设某单辅助通道 ASLC 系统各天线主极化为水平极化，记主天线主极化与交叉极化方向图分别为 F_{MH}、F_{MV}，辅助天线主极化与交叉极化方向图分别为 F_{AH}、F_{AV}，设干扰信号极化矢量为（为简单起见，略去时间项和空间项）

$$\boldsymbol{J} = \begin{bmatrix} J_H \\ J_V \end{bmatrix} = \begin{bmatrix} y\cos\varepsilon \\ y\sin\varepsilon \end{bmatrix} \tag{8.5}$$

式中：ε 为干扰极化角；y 为干扰信号，则主辅天线接收到的 θ 方向的干扰信号为

$$X_M = \left[F_{MH}(\theta), F_{MV}(\theta) \right] \boldsymbol{J} \tag{8.6}$$

$$X_A = \left[F_{AH}(\theta)\mathrm{e}^{-\mathrm{j}\varphi}, F_{AV}(\theta)\mathrm{e}^{-\mathrm{j}\varphi} \right] \boldsymbol{J} \tag{8.7}$$

式中：$\varphi = 2\pi\left(\dfrac{d}{\lambda}\right)\sin\theta$，$d$ 为主辅天线等效相位中心间距。设干扰信号功率为 P，且

$$\begin{cases} F_{MV}(\theta) / F_{MH}(\theta) = \rho_M \mathrm{e}^{\mathrm{j}\eta_M} \\ F_{AV}(\theta) / F_{AH}(\theta) = \rho_A \mathrm{e}^{\mathrm{j}\eta_A} \end{cases} \tag{8.8}$$

定义 $\gamma_M = \rho_M \mathrm{e}^{\mathrm{j}\eta_M}$，$\gamma_A = \rho_A \mathrm{e}^{\mathrm{j}\eta_A}$ 分别为主辅天线在 θ 方向的极化抑制比（电压）。

辅助天线接收的信号为

$$X_A = \sqrt{P} F_{AH}(\theta)(\cos\varepsilon + \gamma_A \sin\varepsilon)\mathrm{e}^{-\mathrm{j}\varphi} y \tag{8.9}$$

主天线信号为

$$X_M = \sqrt{P} F_{MH}(\theta)(\cos\varepsilon + \gamma_M \sin\varepsilon) y \tag{8.10}$$

如果干扰极化角 ε 为固定值，天线的交叉极化方向图也是固定的，那么天线极化特性的影响转化为固定的幅相误差，如果 ε 是变化的，则天线极化特性的影响转化为随机的幅相误差，而幅相误差将直接导致系统对消性能的下降。

8.1.3　仿真结果及分析

设 $\rho_M = 10^{-1.5}$，$\eta_M = 32°$，$\rho_A = 10^{-2.0}$，$\eta_A = 25°$，空间只有一个干扰，$F_{MH}(\theta) = F_{AH}(\theta) = 13\mathrm{dB}$，干噪比为 30dB，天线相位中心间距为 5 倍波长，快拍数设为 100，不考虑固定相移 φ 的影响，图 8.4 和图 8.5 为主辅通道等效幅相随 ε 变化曲线，可知，当干扰不是交叉极化干扰时（$\varepsilon \neq 90°$，$270°$），主、辅通道幅相误差都很小，由天线极化特性带来的通道幅相误差可以忽略。从式（8.9）和式（8.10）可以看出，如果主天线和辅天线在某的角度上的交叉极化抑制比是相同的，即 $\gamma_M = \gamma_A$，那么可以认为主辅通道将只有由主辅天线增益带来的幅度误差，而没有相位误差，主辅天线增益相同时，主辅通道间将没有幅相误差。如果 $\gamma_M \neq \gamma_A$，那么很明显，当干扰是交叉极化干扰时（$\varepsilon = 90°$，$270°$），各天线只接收到交叉极化信号，由天线交叉极化响应带来的幅相不一致性最大。

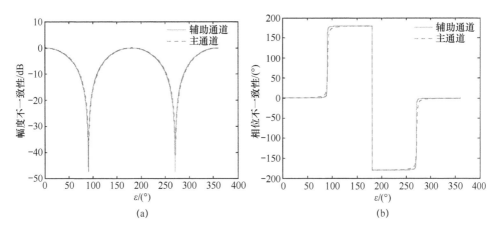

图 8.4　主辅通道等效幅相随干扰极化角变化曲线

（a）幅度不一致性；（b）相位不一致性。

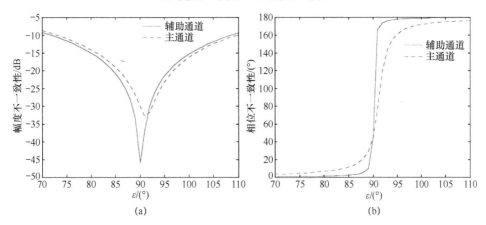

图 8.5　主辅通道等效幅相随干扰极化角变化曲线（放大图）

（a）幅度不一致性；（b）相位不一致性。

从图 8.6 来看，主辅天线极化特性一致时，干扰对消比随入射功率而变化，干扰对消剩余很小且基本保持不变。当主辅天线极化特性不一致时，在 $\varepsilon=90°$，$270°$ 时，干扰对消剩余突然增大，甚至高达 10dB，而且主辅天线极化特性一致性越差，干扰对消剩余越大，当主辅极化抑制比幅度相差 10dB 时，干扰对消剩余功率高达 20dB。对于实际的 ASLC 系统而言，使主、辅天线极化特性保持严格一致是不现实的，因此在干扰方使用交叉极化干扰时，ASLC 系统工作性能有可能严重下降。

进一步分析表明，在交叉极化干扰时，辅助天线接收的干扰和主天线接收的干扰幅度差异较大，不在一个数量级，无法对消。由于在计算权系数的时候，权系数能够自动补偿幅相误差，所以对消性能下降不是幅相误差的原因。图 8.7 可以看出，当极化角为 90° 交叉极化时，主天线接收的功率和辅助天线接收的功率相差 15dB，差一个数量级，此时通过计算得到的权系数幅度为 5.549，而对消权系数理论值应该一直是在 1 的附近缓慢变化，到了交叉极化状态时发生了一个突变，导致权系数也发生很大变化，使得干扰功率不能有效对消。

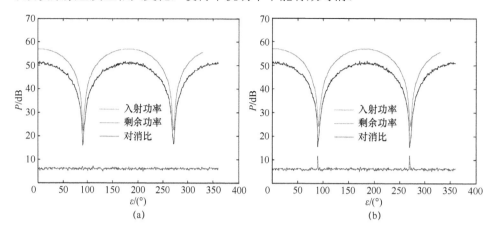

图 8.6　ASLC 工作性能随干扰极化角变化曲线（见彩图）

（a）主辅通道特性一致时；（b）主辅通道特性不一致时。

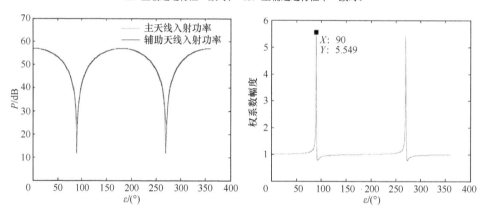

图 8.7　ASLC 工作性能随干扰极化角变化曲线（见彩图）

　　综上所述，交叉极化干扰时，ASLC 工作性能的下降是由主辅天线的极化特性不一致造成的，具体来看，是极化抑制比的不一致带来的，对于一般的雷达天线而言，极化抑制比幅度一般是 -20dB，设主辅天线极化抑制比幅度变化范围为 -20dB～10dB，相位差变化范围为 0°～180°，主要考察交叉极化干扰时的 ASLC 性能，故令 ε=90°，其他参数保持不变，图 8.8 为干扰对消剩余随主辅天线极化抑制比变化曲线。从仿真结果可以看出，主辅天线极化抑制比幅度差异对 ASLC 干扰对消影响显著，而相位差异影响很小，因此，ASLC 系统主辅天线的极化抑制比幅度尽可能低，而且，主天线的极化抑制比幅度应小于等于辅助天线极化抑制比幅度。

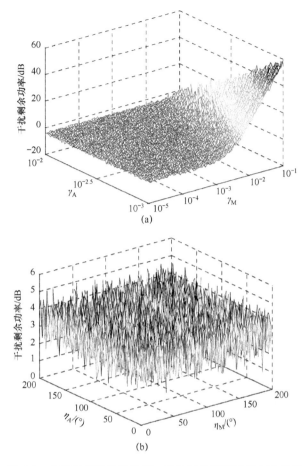

图 8.8　主辅天线极化特性不一致性时的干扰对消剩余仿真

（a）主辅天线极化特性不一致性时的仿真结果（$\eta_M = \eta_A = 25°$）；

（b）主辅天线极化特性不一致性时的仿真结果（$\rho_M = \rho_A = 10^{-2}$）。

通过上面的分析与仿真，可以得出如下结论：由于主辅天线极化特性的不一致性，当干扰方实施交叉极化干扰时，系统工作性能显著下降，且主辅天线极化特性一致性越差，干扰对消剩余越大，当主辅天线极化抑制比幅度相差 10dB 时，干扰对消剩余功率达到 20dB 以上。为了得到较好的旁瓣对消效果，除了对通道幅相特性有一定的要求以外，对于天线的极化特性也应有所要求，即在尽可能使主辅天线极化特性一致的基础上，要保证主天线的极化抑制比幅度小于等于辅助天线的极化抑制比幅度。

8.2　对雷达旁瓣匿影处理器的交叉极化干扰分析

目前，随着相参体制、脉冲压缩等技术在雷达系统中的应用，非相参的压制

163

干扰效率低干扰效果差的特点日益突出，且干扰机自身容易暴露，迫使干扰方从压制干扰向精准干扰转型。航迹欺骗干扰是精准电子战的一个发展方向，在获得雷达部分先验知识基础上，干扰机向被干扰雷达发射经过精确调制的相参干扰信号，形成假目标点迹，最终在雷达显示器上形成预定的假目标航迹。这种干扰提高了干扰能量利用率，实现了有针对性的精准干扰。

航迹欺骗干扰有主瓣欺骗和旁瓣欺骗两种方式，由于现代雷达具有波束灵活多变的特点，不能保证干扰总是从主瓣进入，很多情况下仍需进行旁瓣干扰。为了从旁瓣实施航迹欺骗，首先要解决如何使干扰脉冲突破雷达空域抗干扰措施，进入雷达数据处理环节。常用的空域抗干扰措施主要有：旁瓣对消（SLC）、旁瓣匿影（SLB）、低旁瓣天线（LSL）等措施，其中 SLB 技术对航迹欺骗这种脉冲式干扰影响最大。目前，对如何精准地干扰旁瓣匿影系统，形成虚假目标鲜有研究。本章研究交叉极化干扰对旁瓣匿影雷达的假目标干扰效应。

8.2.1 SLB 系统工作原理

雷达旁瓣匿影技术（SLB）采用主通道和辅助通道，每个通道由收发天线（接收和发射合用）、接收机、检波器和比较器组成，两路滤波器输出信号进行幅度比较，以确定是否匿影主通道信号。主辅通道的天线均与自己的接收机连接，主、辅通道接收到的回波信号同时送给比较器，在接收机的输出端比较两路信号的幅度电平。如果主通道接收机中的回波信号的视频幅度大于辅通道接收机中的信号幅度，雷达会得出如下结论：信号进入天线对准目标的接收机，然后信号经过选通进入信号分析电路；如果主通道接收机中回波信号视频幅度小于辅通道接收机中回波信号视频幅度，则产生匿影触发脉冲加到匿影脉冲产生器，并由匿影脉冲产生器产生具有适当宽度的旁瓣匿影脉冲加到选通，当匿影脉冲出现时，即表示雷达受到从副瓣进入的干扰，这时选通器被关闭，则旁瓣干扰被匿影掉，否则匿影脉冲不出现，则选通器始终被打开，主信道接收到的回波信号被送去正常的检测和显示。图 8.9 所示为旁瓣匿影系统结构框图，图 8.10 所示为旁瓣匿影原理天线方向图。

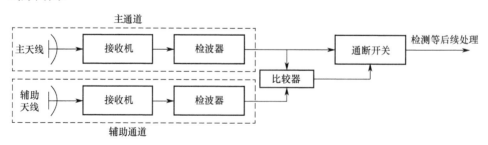

图 8.9　旁瓣匿影系统结构框图

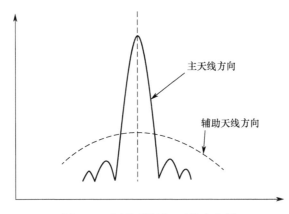

图 8.10   旁瓣匿影原理天线方向图

SLB 技术的设计初衷和主要作用是匿影掉从主天线旁瓣进入的强脉冲干扰。从这个角度看，无论干扰采用什么样的信号形式都影响不了 SLB 技术作用的正常发挥。对于上述结论可以进行如下简要论述。

由于辅助天线增益高于主天线旁瓣增益，从主天线旁瓣进入的干扰 $J_{\text{inS}}(t)$ 在通过主天线后的输出 $J_{\text{MS}}(t)$ 的幅度必然低于其通过辅助天线后的输出 $J_{\text{A}}(t)$ 的幅度。如果忽略干扰到达 2 个天线的波程差，可以写出：

$$\begin{cases} J_{\text{MS}}(t) = J_{\text{inS}}(t) \times G_{\text{MS}} \\ J_{\text{A}}(t) = J_{\text{inS}}(t) \times G_{\text{A}} \\ J_{\text{MS}}(t) < J_{\text{A}}(t) \end{cases} \tag{8.11}$$

式中：G_{MS} 为主天线的旁瓣增益；G_{A} 为辅助天线增益。

将 $J_{\text{MS}}(t)$ 经过接收机再经过检波器后的输出记为 $J_{\text{MSRD}}(t)$；$J_{\text{A}}(t)$ 经过接收机再经过检波器后的输出记为 $J_{\text{ARD}}(t)$。由于 $J_{\text{MS}}(t)$ 和 $J_{\text{A}}(t)$ 的信号形式相同，在经过相同的接收机时将获得相同的接收机增益（忽略因 AGC 等因素造成的接收机增益的差异，这样的增益差异不会造成输出信号幅度大小方面的逆转），再经过相同的检波器的处理，有

$$J_{\text{MSRD}}(t) < J_{\text{ARD}}(t) \tag{8.12}$$

由式（8.12）表明，当干扰从主天线旁瓣进入时，主通道输出幅度总是低于辅助通道输出幅度，因此主通道输出的干扰会被匿影掉。这个结果与干扰所采取的信号形式无关。

SLB 技术有一个作用：在从辅助通道进入的干扰信号强于从主通道进入的目标回波信号的情况下（在比较器输入端进行考查），当二者在时间上相互重叠时，目标回波信号将被匿影，从而目标不能被检测到。如果能够实施连续的干扰，使得在比较器输入端，从辅助通道进入的干扰信号一直强于从主通道进入的目标回波信号，就可以将雷达封闭，使雷达因不能检测目标而失效。

下面进行计算说明：从主天线主瓣进入的目标回波信号记作 $S_{\text{inM}}(t)$，对从主

通道检波器输出的目标回波信号 $S_{MMRD}(t)$ 有：

$$S_{MMRD}(t) = S_{inM}(t) \times G_{MM} \times G_{MRcc} \times k_d \qquad (8.13)$$

对从辅助通道检波器输出的干扰信号 $J_{ARD}(t)$ 有：

$$J_{ARD}(t) = J_{inM}(t) \times G_A \times G_{ARcc} \times k_d \qquad (8.14)$$

式（8.13）和式（8.14）中的 k_d 是检波器的检波系数。

式（8.13）中的 G_{MRcc} 是主通道中的接收机对于目标回波信号的增益，包括放大增益 G_{MAmp} 和匹配滤波器增益 G_{MMatch}。由于目标回波信号与匹配滤波器相匹配，G_{MMatch} 等于匹配滤波增益。式（8.14）中的 G_{ARcc} 是辅助通道中的接收机对于干扰的增益，包括放大增益 G_{AAmp}（与 G_{MAmp} 相同）和匹配滤波器增益 G_{AMatch}。对于一般形式的噪声干扰，$G_{AMatch} \approx 1$，对于灵巧噪声干扰，$G_{AMatch} = G_{MMatch}$。

对比式（8.13）和式（8.14）可知，对于一般形式的噪声干扰，要使 $J_{ARD}(t)$ 大于 $S_{MMRD}(t)$，需要：

$$\frac{J_{inS}(t)}{S_{inM}(t)} > \frac{G_{MM} \times G_{MRec}}{G_A \times G_{ARec}} = \frac{G_{MM} \times G_{MMatch}}{G_A \times G_{AMatch}} \approx \frac{G_{MM} \times G_{MMatch}}{G_A} \qquad (8.15)$$

对于灵巧噪声干扰，要使 $J_{ARD}(t)$ 大于 $S_{MMRD}(t)$，需要：

$$\frac{J_{inS}(t)}{S_{inM}(t)} > \frac{G_{MM} \times G_{MRec}}{G_A \times G_{ARec}} = \frac{G_{MM} \times G_{MMatch}}{G_A \times G_{AMatch}} = \frac{G_{MM}}{G_A} \qquad (8.16)$$

设 $G_{MM} = 20$，$G_A = 2$，$G_{MMatch} = 20$，分别代入式（8.15）和式（8.16），可知：对于一般形式的噪声干扰，要封闭雷达，要求干扰在幅度上高于目标回波信号 200 倍，相当于功率上要高于目标回波 40000 倍；而对于灵巧噪声干扰，仅要求干扰在幅度上高于目标回波信号 10 倍，在功率上高于目标回波信号 100 倍。另外，如果 $G_{MMatch} = 1$（对应于简单脉冲雷达），对于普通的噪声干扰，也仅要求干扰在幅度上高于目标回波信号 10 倍，在功率上高于目标回波信号 100 倍。

从上述分析可知，对于 SLB 系统：

（1）如果雷达采用简单发射脉冲，起作用的是主天线的主瓣增益与辅助天线增益的比值 $\dfrac{G_{MM}}{G_A}$，只有当 $\dfrac{J_{inS}(t)}{S_{inM}(t)} > \dfrac{G_{MM}}{G_A}$ 时才可能封闭雷达。

（2）如果雷达采用复杂调制发射信号，在主天线主瓣接收到目标回波信号的条件下，实施普通的噪声干扰时，必须通过增加干扰功率，克服 2 个增益差的弱势（第一个是 G_{MM} 与 G_A 之差，第二个是 G_{MMatch} 与 $G_{AMatch} \approx 1$ 之差）才能封闭雷达。即要求 $\dfrac{J_{inS}(t)}{S_{inM}(t)} > \dfrac{G_{MM} \times G_{MMatch}}{G_A}$。显然，$G_{MMatch}$ 越大，要求增加的干扰功率就越大。由于 $\left(\dfrac{G_{MM} \times G_{MMatch}}{G_A} \right)^2$ 可以达到很高的数值，使得要求的干扰功率巨大而难以实现。

（3）如果雷达采用复杂调制发射信号，实施灵巧噪声干扰时，增加的干扰功率，只要能够克服 G_{MM} 与 G_A 之差的弱势，就可以封闭雷达。这种情况下起作用的仍然是主天线的主瓣增益与辅助天线增益的比值 $\dfrac{G_{MM}}{G_A}$，也要求 $\dfrac{J_{\text{inS}}(t)}{S_{\text{inM}}(t)} > \dfrac{G_{MM}}{G_A}$。

8.2.2　SLB 天线特性等效建模与计算

远程警戒雷达多具备旁瓣匿影天线，通常旁瓣匿影天线方位向主瓣宽度较宽，在较大方位角范围内的极化特性比较稳定。

图 8.11，图 8.12 所示为主天线基本形状和尺寸示意图。假设天线形式为双曲反射面赋形天线，反射面口径为 10m×5m，由两段不同曲率反射面组成，上半段为抛物线段，下半段为赋形段，假设辅助喇叭馈源尺寸为 430mm×390mm，通过仿真计算可得方位向、俯仰向增益图如图 8.13 所示。其他参数如下。天线增益：≥33dB；第一副瓣：≤−35dB；波束宽度：水平：≤2.2°；垂直：≥20°尾瓣电平：≤−40dB；极化形式：水平极化。

图 8.11　旁瓣匿影辅助天线

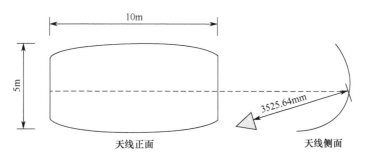

图 8.12　主天线结构参数

根据主天线和辅助天线的特点，利用电磁计算软件 FEKO 对天线建模和计算，假设主天线采用波导缝隙天线，类型是宽边纵向谐振式驻波缝隙阵，尺寸：22.86（mm）×407.435（mm）×10.16（mm），缝隙间距：19.875mm。主天线三维模型和仿真结果如图 8.14～图 8.16 所示。

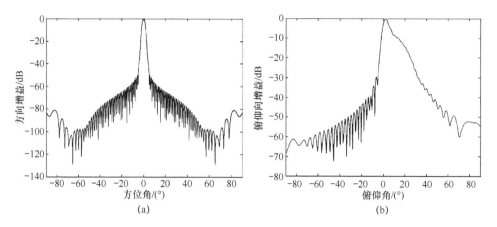

图 8.13　天线计算增益图

（a）方位向增益图；（b）俯仰向增益图。

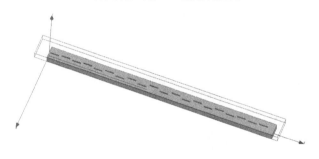

图 8.14　主天线三维模型

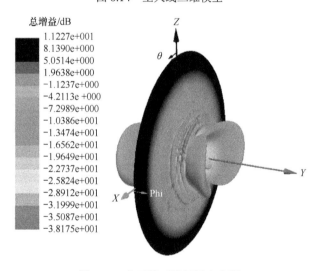

图 8.15　主天线三维远场方向图

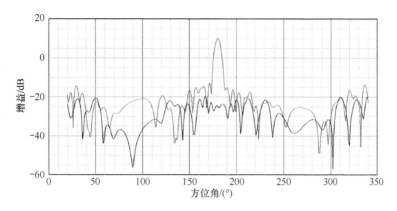

图 8.16 主天线主极化和交叉极化方向图

假设辅助天线也是波导缝隙天线,类型为直线阵,阵元尺寸为 1m。辅天线三维模型和仿真结果如图 8.17～图 8.20 所示。

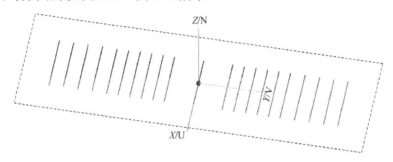

图 8.17 辅天线三维模型

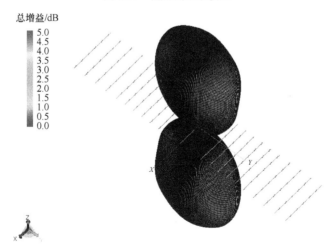

图 8.18 辅天线三维远场方向图（见彩图）

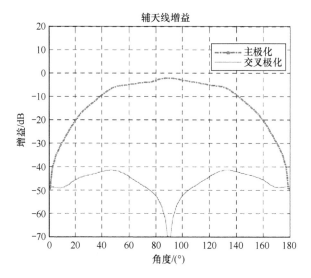

图 8.19　辅天线主极化和交叉极化方向图（见彩图）

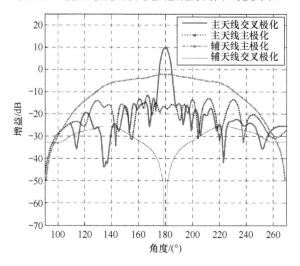

图 8.20　主辅天线主极化和交叉极化方向图（见彩图）

　　通过仿真结果可以看出，在主极化面上，辅助天线增益 $M_F(\theta)$ 高于主天线旁瓣增益 $M_z(\theta)$，辅助天线的交叉极化结构 $C_F(\theta)$ 相对稳定，主天线的交叉极化结构 $C_z(\theta)$ 在副瓣变化起伏较快。主天线的交叉极化增益 $C_z(\theta)$ 在副瓣区间大多数的角度区域要高于辅天线 $C_F(\theta)$，也就是说，在交叉极化方向上，辅助天线的副瓣并没有盖住主天线的副瓣。如果干扰信号的极化经过特殊设计，就会使得干扰信号在副瓣区间的判决条件出错，从而破坏 SLB 系统的工作基础，使利用交叉极化干扰 SLB 雷达成为了可能。SLB 主辅天线共极化方向图和交叉极化方向图示意图如图 8.21 所示。

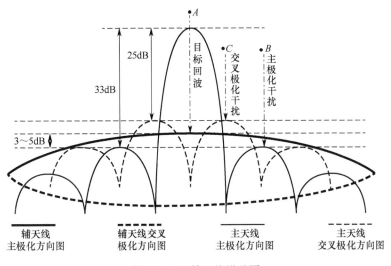

图 8.21　主辅天线增益图

8.2.3　SLB 假目标检测概率

SLB 系统工作效能主要是根据其检测概率、匿影概率等概率值来评价的，根据所研究的对象，用欺骗干扰条件下旁瓣匿影雷达发现概率，即用假目标发现概率来分析干扰效果。

设主辅通道中旁瓣干扰信号幅度为 S、R，通过平方律检波器后都是由信号和加性高斯白噪声组成，主通道输出信号 U 为窄带高斯噪声加信号的包络，其概率密度函数为

$$P_m(u) = \frac{1}{2\sigma^2} \exp\left[-\frac{1}{2\sigma^2}(u + S^2)\right] I_0\left(\frac{S\sqrt{u}}{\sigma^2}\right) \tag{8.17}$$

式中：$I_0(x)$ 为零阶修正贝塞尔函数。

同理，辅助通道 V 也是窄带高斯噪声加信号的包络，其概率密度函数为

$$P_a(v) = \frac{1}{2\sigma^2} \exp\left[-\frac{1}{2\sigma^2}(v + R^2)\right] I_0\left(\frac{R\sqrt{v}}{\sigma^2}\right) \tag{8.18}$$

从式（8.17）、式（8.18）可以看出，接收的是干扰信号时，$S^2/2\sigma^2$、$R^2/2\sigma^2$ 则分别是主辅通道中的干噪比。S、R 实际上是同一干扰信号被主、辅天线分别调制的结果，在信号形式上是相同的，只是信号幅度不同而已，假设干扰信号为 J，那么分别有

$$\begin{cases} S = G_s(\theta)J \\ R = G_a(\theta)J \end{cases} \tag{8.19}$$

式中：$G_s(\theta)$、$G_a(\theta)$ 分别为主天线和辅助天线在干扰入射角度上的旁瓣增益。将 $\beta = G_a/G_s$ 带入式（8.19），得

171

$$R^2 = \beta^2 \cdot S^2 \qquad (8.20)$$

将式（8.20）带入式（8.18），得

$$p_a(v) = \frac{1}{2\sigma^2} \exp\left[-\frac{1}{2\sigma^2}(v + \beta^2 S^2)\right] I_0\left(\frac{\beta S \sqrt{v}}{\sigma^2}\right) \qquad (8.21)$$

检测概率 P 可由 u、v 的联合概率密度表示，假设 u、v 是相互独立的，那么 P 可以表示为

$$p = \int_R \int P_m(u) P_a(v) \mathrm{d}u \mathrm{d}v \qquad (8.22)$$

我们所关心的 SLB 系统假目标检测概率 P_{SD} 就是对式（8.22）在积分过程中选取不同的积分上下限（下标 S 代表在 SLB 系统条件下）。即 P_{SD} 表达式为

$$P_{SD} = \int_Y^\infty P_m(u) \mathrm{d}u \int_0^{Fu} P_a(v) \mathrm{d}v \qquad (8.23)$$

将 Marcum Q 函数引入概率计算，Marcum Q 函数的定义为

$$Q(a,b) = \int_b^\infty c \exp\left(-\frac{c^2 + a^2}{2}\right) I_0(ac) \mathrm{d}c \qquad (8.24)$$

将式（8.23）变形为

$$P_{SD} = \int_Y^\infty P_m(u)(1 - \int_{Fu}^\infty P_a(v) \mathrm{d}v) \mathrm{d}u = \int_Y^\infty P_m(u) \mathrm{d}u - \int_Y^\infty P_m(u) \int_{Fu}^\infty P_a(v) \mathrm{d}v \mathrm{d}u \qquad (8.25)$$

将式（8.24）带入式（8.25），可得

$$P_{SD} = Q(S, \sqrt{Y}) - \int_Y^\infty P_m(u) Q(R, \sqrt{Fu}) \mathrm{d}u \qquad (8.26)$$

式（8.26）就是单个脉冲情况下 SLB 系统的假目标发现概率表达式。

8.2.4 交叉极化的假目标干扰形成和调制

根据电磁波理论可知，电磁波主辅接收天线上感应的开路电压可表示为

$$V = E_i h \qquad (8.27)$$

式中：E_i 为接收回波的电场矢量；h 为天线在该方向上的有效高度矢量。这里把 h 分解为主极化和交叉极化两个正交分量，记为

$$h = [M(\theta)\ C(\theta)]^{\mathrm{T}} \qquad (8.28)$$

相应地，接收回波的电场矢量中也存在主极化和交叉极化两个部分，假设雷达天线的接收信号都是干扰信号，其中共极化干扰信号是因为干扰信号极化与雷达信号极化方式不能严格正交引起的，则接收回波的电场矢量可表示为

$$\begin{cases} J_c(t) = \sqrt{P\sin^2(\varepsilon)} J(t) \\ J_m(t) = \sqrt{P\cos^2(\varepsilon)} J(t) \end{cases} \qquad (8.29)$$

式中：ε 为干扰极化与主极化的极化倾角夹角。两部分信号除了极化方式及信号功率不同之外，其他调制参数完全相同。

旁瓣匿影器中主辅通道的平方律检波器的输出分别为

$$\begin{cases} U(t) = M_Z(\theta)J_m(t) + C_Z(\theta)J_c(t) + n_M(t) \\ V(t) = M_F(\theta)J_m(t) + C_F(\theta)J_c(t) + n_A(t) \end{cases} \tag{8.30}$$

比较器的输出为

$$\frac{V(t)}{U(t)} = \frac{M_F(\theta)J_m(t) + C_F(\theta)J_c(t) + n_A(t)}{M_Z(\theta)J_m(t) + C_Z(\theta)J_c(t) + n_M(t)} \tag{8.31}$$

由前面的分析可知，对于共极化的干扰信号，式（8.31）退化为

$$\frac{V(t)}{U(t)} = \frac{M_F(\theta)J_m(t) + n_A(t)}{M_Z(\theta)J_m(t) + n_M(t)} \tag{8.32}$$

当共极化干扰信号从主天线旁瓣进入时，$M_F(\theta) > M_Z(\theta)$，导致比较器的结果 $V(t)/U(t)$ 大于检测门限值 F，以及导致旁瓣干扰信号被匿影，无法实现干扰目的。

对于交叉极化干扰信号，式（8.31）退化为

$$\frac{V(t)}{U(t)} = \frac{C_F(\theta)J_c(t) + n_A(t)}{C_Z(\theta)J_c(t) + n_M(t)} \tag{8.33}$$

当交叉极化干扰信号从主天线旁瓣进入时，$C_F(\theta) < C_Z(\theta)$，比较器的结果 $V(t)/U(t)$ 小于检测门限值 F，旁瓣干扰信号不会被匿影，干扰信号可以进入雷达信号处理环节。交叉极化干扰正是利用了式（8.32）、式（8.33）的差别达到了干扰目的。

对干扰方来说，存在两方面问题：①需要提高干扰功率，以克服雷达天线的交叉极化隔离度，对于典型的口径天线，干扰机至少要比一般的干扰机增加 20dB 的干扰功率，有时为了保证稳定、可靠的干扰效果，甚至需要增加 30~40dB；②干扰信号如果没有和雷达信号的极化方式严格正交，会产生一部分共极化干扰信号，虽然回波中的主要分量是交叉极化的干扰，但由于雷达的主辅天线的交叉极化增益小，而共极化增益大，即使干扰信号中有较小的共极化分量，也会对干扰效果带来较大的影响。

为了最终实现航迹欺骗，需要对干扰信号和干扰时机进行精确设计，目前对欺骗干扰信号的调制主要通过数字射频存储等技术形成，这些技术已经相当成熟。经过特殊设计的干扰调制就需要考虑如下方面：①交叉极化调制；②假目标距离调制；③假目标速度调制；④假目标角度调制。

假设雷达发射线性调频信号，其信号可表示为

$$s(t) = Ag(t)\exp(2\pi f_0 t + \mathrm{j}\pi\mu t^2)|t| < \frac{T}{2} \tag{8.34}$$

式中：A 为信号幅度；$g(t)$ 为矩形函数；f_0 为信号载频；μ 为线性调频斜率。

利用射频存储技术，对雷达信号接收并调制。其信号形式为

$$J(t) = k\exp(\mathrm{j}\alpha)g(t-\Delta t)\exp\left[2\pi(f_0 + f_d)(t-\Delta t) + \mathrm{j}\pi\mu(t-\Delta t)^2\right]|t| < \frac{T}{2} \tag{8.35}$$

式中：k 为干扰与信号的幅度之比；Δt 为干扰信号相对于回波信号的时间延迟，

是干扰方对所接收的雷达信号距离调制的结果，Δt 所对应的假目标距离是 $R_F=c\Delta t/2$；f_d 为干扰信号相对于回波信号的多普勒频移，是干扰方对所接收的雷达信号速度调制的结果，对应假目标的径向速度为 $v_r=f_d\lambda/2$。对雷达实施方位欺骗实质上是从雷达旁瓣注入干扰，确定主瓣波束的角度延迟量为 $\Delta\theta$，则干扰机对应的转发时延为 $T=\Delta\theta/W$（W 是被干扰雷达天线转速，通过电子侦察获得）。

当干扰信号的时序和雷达的工作时序能够匹配，且干扰机对截获的雷达信号按照上述方法进行调制后，就可以在雷达显示器上获得所设定距离、速度、方位的假目标，最后将干扰信号按照交叉极化的方式调制并向雷达旁瓣发射，就可以实现对 SLB 雷达的交叉极化干扰。

8.2.5　干扰效果分析

天线辐射的信号除了空域、时域和频域三大特性以外，还有极化特性。极化特性对天线的影响不仅仅是极化失配所带来的能量损失，更严重的是会改变天线的方向特性，使天线的探测性能发生变化。本节，根据变极化条件下天线性能变化和部分天线性能测量数据对这一干扰样式进行分析论证，并建立模型来分析干扰效果。

针对自卫式干扰情况，此时有 $R_t(t)=R_J(t)$，设置仿真条件：取 P_t=60kW，G_t=30dB，G_m=15dB，f_0=3.5GHz，P_J=200W，G_J=10dB，S 取典型值 $\begin{bmatrix} 1 & 0.3\mathrm{j} \\ 0.3\mathrm{j} & 0.9 \end{bmatrix}$。

定义干扰极化度：

$$\boldsymbol{\xi} = \boldsymbol{h}_T^T \cdot \boldsymbol{h}_J \qquad (8.36)$$

式中：$\boldsymbol{h}_T$ 为接收天线的 Jones 极化矢量；$\boldsymbol{\xi}\in[0,1]$，$\boldsymbol{\xi}$=0 为交叉极化干扰，$\boldsymbol{\xi}$=1 为同极化干扰。$\boldsymbol{\xi}_r$ 为主天线干扰极化度，$\boldsymbol{\xi}_m$ 为辅天线干扰极化度。

设干扰信号为转发信号，则式（8.35）中变为：$J(t-\tau_s-\Delta t)=\mathrm{e}^{\mathrm{j}2\pi(f_0-fd_s)(t-\tau_s-\Delta t)}\cdot s(t)$，$\Delta t$ 为转发时延。此时，主辅天线接收能量变化如图 8.22 所示。

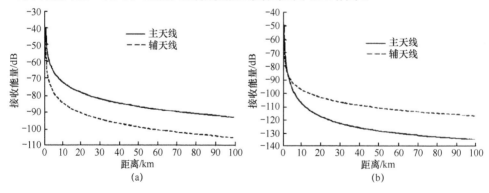

图 8.22　转发式干扰下主辅天线接收能量变化

（a）ξ_r=1，ξ_m=0.9542；（b）ξ_r=0.5，ξ_m=0.3039。

174

图 8.23 是图 8.22 （b）中交叉点的局部放大图。

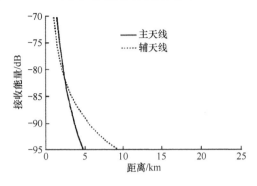

图 8.23　局部放大图

由图 8.22 可见，在同极化条件下，主瓣收到的干扰一直大于辅助通道，此时主瓣干扰是无法触发 SLB 系统工作的。但在交叉极化条件（图 8.23）下，当距离大于某个临界值时，雷达辅助通道的信号就会强于主通道，雷达会认为是副瓣干扰，SLB 将启动匿影，主通道将一直处于闭锁状态，目标实现隐匿。下面进行数学仿真，假设雷达天线按照典型的交叉极化方向图进行仿真，雷达采用恒虚警检测，信号参数为：脉宽 τ=100μs，带宽 B=2MHz，μ=0.02MHz/μs，载波中心频率 f_0=6GHz。设假目标距离为 75km，假目标径向速度设置为 300m/s，方位延迟为 15°。

仿真 1:对 SLB 雷达实施共极化欺骗干扰，雷达接收机输入端干噪比为 10dB，经雷达脉压处理但未经 SLB 处理后的波形如图 8.24（a）所示，图 8.24（b）是经过 SLB 处理后的波形。可以看出，干扰信号获得了雷达的压缩增益，在脉冲压缩输出端有较高的干噪比，由于 SLB 系统的存在而被匿影，因此无法进入雷达的信号处理环节，不能实现干扰目的。

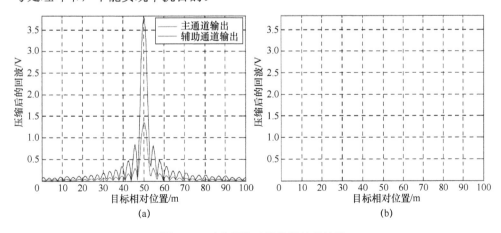

(a)　　　　　　　　　　　　　(b)

图 8.24　对共极化干扰信号处理结果

（a）未经 SLB 处理后的脉压结果；（b）经 SLB 处理后的脉压结果。

仿真 2：对 SLB 雷达实施交叉极化欺骗干扰，雷达接收机输入端干噪比为 10dB，经雷达脉压处理但未经 SLB 处理的波形如图 8.25（a）所示，图 8.25（b）是经过 SLB 处理后的波形。假目标干扰信号从主天线旁瓣进入，受到一定程度抑制，但由于干扰信号与雷达信号相参，可获得雷达部分脉冲压缩增益，只要干扰功率达到雷达最小可检测功率，干扰信号就能够通过 SLB 系统进入雷达的信号处理环节，并在预定的位置上形成了虚假目标，实现干扰目的。从这个仿真中也可以看出，在相同输入干噪比的情况下，交叉极化干扰信号功率比共极化信号小得多，这与前面的分析是一致的。

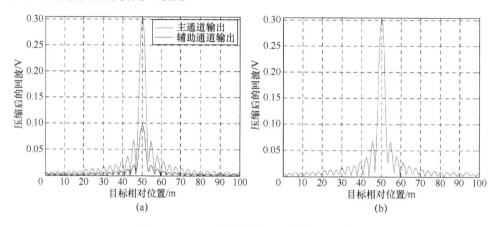

图 8.25　SLB 对交叉极化干扰信号处理结果

（a）未经 SLB 处理的交叉极化干扰；（b）经 SLB 处理的交叉极化干扰。

通过多次蒙特卡罗仿真，可以发现，对 SLB 实施共极化干扰时，随着干噪比的增大，干扰信号始终无法突破 SLB 系统，也就无法形成假目标，干扰无效。当采用交叉极化后，为了克服天线对交叉极化的抑制，干扰机需要多付出 20dB 左右的干扰功率，在干噪比达到一定值时，交叉极化干扰能够很好地实现干扰目的。干扰信号不能严格正交时，干扰机需要付出更高的干扰功率。当极化倾角于严格正交相差 5° 时，干扰机需要再增加 20dB 左右的干扰功率，这和第 5 章的分析结论是一致的。当极化的正交性偏差恶化到 60° 时，交叉极化干扰无法很好地实现干扰。随着硬件性能的提升，现代干扰机能够保证极化倾角保持在 ±5° 之内，可以满足干扰需求。

第9章 雷达天线交叉极化方向图建模方法

雷达系统仿真的逼真程度取决于数学模型的准确性和仿真系统结构设计的合理性，对各种体制功能的雷达天线数学建模尤其重要。雷达采用不同的天线波束形状和不同的扫描方式来完成各种任务。不同体制的雷达天线扫描时采用的天线方向图也不尽相同。雷达天线方向图的增益函数可表示为

$$G(\theta,\varphi) = K \cdot G_1(\theta) \cdot G_2(\varphi) \qquad (9.1)$$

式中：K 为天线最大增益；$G_1(\theta)$ 为天线方向图在水平方向上的衰减函数；$G_2(\varphi)$ 为天线方向图在俯仰方向上的衰减函数。为方便分析且不失一般性，主要对一维空间的交叉极化方向图进行建模。

"极化比""极化相位描述子""交叉极化鉴别量"以及"天线空域 IPPV"等描述子都能较好地表征天线的极化状态在空间的变化规律。从理论上讲，可以采用这些空域极化特性描述子中的任意一种对天线的空域极化特性进行建模，但由于极化比的幅度以及交叉极化鉴别量经常会出现类似 ∞、−∞ 等无穷小或无穷大值，用于建模时并不十分方便。因此，采用"极化相位描述子"对天线的交叉极化特性进行建模不失为一种非常恰当的建模方法。虽然各种天线的结构和性能各异，但很多线天线和口径天线的空域极化比 ρ 均与其方位扫描角 φ 的正切函数 $\tan\varphi$ 成比例关系，又由于极化比 ρ 与极化相位描述子 (γ,ϕ) 满足关系式 $\rho = \tan\gamma \cdot \mathrm{e}^{\mathrm{j}\phi}$，因此可以等效理解为"天线的极化相位描述子 γ 与方位角 φ 呈线性关系且极化相位描述子 ϕ 基本保持不变"。根据已有的研究结果可知，用方位角 φ 的一阶或二阶多项式能够较好地拟合天线的极化相位描述子 γ 在方位向上的变化规律，而相位描述子 ϕ 基本保持不变。

设极化相位描述子 γ 与方位角 φ 满足关系式：

$$\gamma(\varphi) = \kappa_1 \cdot |\varphi| + \kappa_2 \cdot \varphi^2, \quad \varphi \in [-\varphi_0/2, +\varphi_0/2] \qquad (9.2)$$

式中：κ_1、κ_2 称为极化相位描述子 γ 的方位角变化率，且有 $\kappa_1 \geq 0$、$\kappa_2 \geq 0$；φ_0 为关心的天线方向图方位角宽度。κ_1、κ_2 越大，说明天线极化特性随方位角变化越快。设天线的主极化方向图函数为 $G_\mathrm{m}(\varphi)$，则根据极化比与极化相位描述子的定义可知：

$$\frac{G_\mathrm{c}(\varphi)}{G_\mathrm{m}(\varphi)} = \tan\rho = \tan(\tan\gamma \cdot \mathrm{e}^{\mathrm{j}\phi}) = \tan\left[\tan(\kappa_1 \cdot |\varphi| + \kappa_2 \cdot \varphi^2) \cdot \mathrm{e}^{\mathrm{j}\phi}\right] \qquad (9.3)$$

则天线的交叉极化方向图函数为

$$G_c(\varphi) = G_m(\varphi) \cdot \tan\left[\tan(\kappa_1 \cdot |\varphi| + \kappa_2 \cdot \varphi^2) \cdot e^{j\phi}\right] \tag{9.4}$$

9.1 常用的典型交叉极化方向图函数

有两种通用的天线交叉极化方向图建模方法,第一种是极化相位描述子法,第二种是直接建模法,下面分别阐述这两种方法。

9.1.1 极化相位描述子建模法

(1) $\sin\varphi/\varphi$ 衰减公式: $G_m(\varphi) = \left[\sin(k \cdot \varphi)/(k \cdot \varphi)\right]^2$。其中, k 值由 $[0, \pi]$ 内旁瓣数目决定, φ 为方位向或俯仰向的角度。

$$G_c(\varphi) = L \cdot \left[\sin(k \cdot \varphi)/(k \cdot \varphi)\right]^2 \cdot \tan\left[\tan(\kappa_1 \cdot |\varphi| + \kappa_2 \cdot \varphi^2) \cdot e^{j\phi}\right] \tag{9.5}$$

式中: L 为衰减系数,可根据需要进行设置; κ_1、 κ_2 为极化相位描述子 γ 的方位角变化率; ϕ 为相位描述子第二分量。

设置 $\kappa_1 = 3$、 $\kappa_2 = 3$、 $\phi = 0°$、 $L = 6$,仿真得到对应主极化方向图为 $G_m(\varphi) = \left[\sin(k \cdot \varphi)/(k \cdot \varphi)\right]^2$ 的交叉极化方向图(图9.1)。

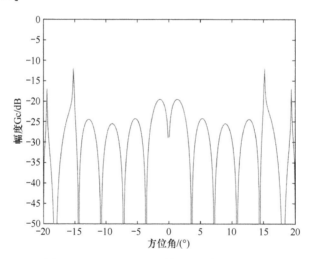

图 9.1 对应 $\sin\varphi/\varphi$ 函数的交叉极化方向图

(2) $\sin\varphi/\varphi$(Alterate) 函数,主极化方向图函数为

$$G_m(\varphi) = e^{\xi}\left[\sin(2.78\varphi/\theta_{0.5})/(2.78\varphi/\theta_{0.5})\right]^2 \tag{9.6}$$

式中: $\xi = (\varphi/\theta_{0.5})^2\left[(13.26 - l_1)/11.33\right]$; $\theta_{0.5}$ 为方向图主瓣宽度; l_1 为可设定的第一旁瓣衰减值。

$$G_c(\varphi) = L \cdot e^{\xi}\left[\sin(2.78\varphi/\theta_{0.5})/(2.78\varphi/\theta_{0.5})\right]^2 \cdot \tan\left[\tan(\kappa_1 \cdot |\varphi| + \kappa_2 \cdot \varphi^2) \cdot e^{j\phi}\right] \tag{9.7}$$

设置 $\kappa_1 = 5$、$\kappa_2 = 5$、$\phi = 0°$、$L = 6$、$\theta_{0.5} = 4°$、$l_1 = 13\text{dB}$，仿真得到对应主极化方向图为 $G_m(\varphi) = e^\xi \left[\sin(2.78\varphi / \theta_{0.5}) / (2.78\varphi / \theta_{0.5})\right]^2$ 的交叉极化方向图（图9.2）。

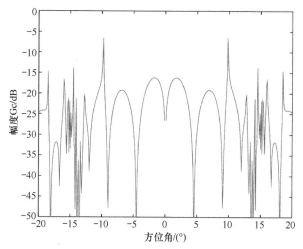

图9.2　对应 $\sin\varphi / \varphi$(Alterate) 函数的交叉极化方向图

（3）高斯函数，衰减计算由高斯公式 $e^{-\varphi^2/\sigma}$ 决定，其中 $\sigma = \delta_{3\text{dB}}\left[4\ln(0.5)\right]^{-1}$，$\delta_{3\text{dB}}$ 为波束3dB衰减宽度，主极化方向图函数为

$$G_m(\varphi) = e^{-\varphi^2/\sigma} \tag{9.8}$$

$$G_c(\varphi) = L \cdot e^{-\varphi^2/\sigma} \cdot \tan\left[\tan(\kappa_1 \cdot |\varphi| + \kappa_2 \cdot \varphi^2) \cdot e^{j\phi}\right] \tag{9.9}$$

设置 $\kappa_1 = 10$、$\kappa_2 = 10$、$\phi = 0°$、$L = 30$、$\delta_{3\text{dB}} = 4°$，仿真得到对应主极化方向图为 $G_m(\varphi) = e^{-\varphi^2/\sigma}$ 的交叉极化方向图（图9.3）

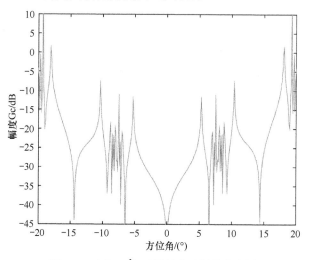

图9.3　对应 $e^{-\varphi^2/\sigma}$ 函数的交叉极化方向图

（4）$\cos^2$ 函数，主极化方向图函数为

$$G_{\mathrm{m}}(\varphi) = \begin{cases} \cos^2(k\varphi) & , \quad |k\varphi| \leqslant \pi \\ 0 & , \quad \text{其他} \end{cases} \tag{9.10}$$

式中： $k = \pi(2\delta_{3\mathrm{dB}})^{-1}$ 。

$$G_{\mathrm{c}}(\varphi) = L \cdot \cos^2(k\varphi) \cdot \tan\left[\tan(\kappa_1 \cdot |\varphi| + \kappa_2 \cdot \varphi^2) \cdot \mathrm{e}^{\mathrm{j}\phi}\right], \quad |k\varphi| \leqslant \pi \tag{9.11}$$

设置 $\kappa_1 = 30$ 、 $\kappa_2 = 10$ 、 $\phi = 0°$ 、 $L = 20$ 、 $\delta_{3\mathrm{dB}} = 4°$ ，仿真得到对应主极化方向图为 $G_{\mathrm{m}}(\varphi) = \cos^2(k\varphi)$ 的交叉极化方向图（图 9.4）。

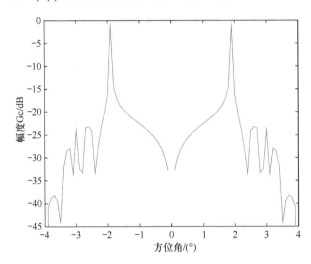

图 9.4 对应 $\cos^2$ 函数的交叉极化方向图

9.1.2 直接建模法

（1）根据 $\sin x / x$ 一阶导数的变体函数，给出了一种天线交叉极化幅度方向图函数：

$$G_{\mathrm{c}} = L \cdot \frac{2k_{\mathrm{c}}^2 \theta \sin(k_{\mathrm{c}}\theta) \cdot \cos(k_{\mathrm{c}}\theta) - 2k_{\mathrm{c}} \sin^\alpha(k_{\mathrm{c}}\theta)}{(k_{\mathrm{c}}\theta)^\beta + 1} \tag{9.12}$$

式中： k_{c} 的值由 $[0,\pi]$ 内旁瓣数目决定； L 为衰减调节量，可根据需要设定； α 、 β 为波束形状参数； φ 为相应的角度值，单位为弧度。

设置 $\alpha = 1.5$ 、 $\beta = 2$ 、 $L = 36$ 、 $k_{\mathrm{c}} = 40$ ，仿真得到交叉极化方向图（图 9.5）。

（2）组合函数，可以用几个 sinc 函数或者其他函数的组合来分别模拟天线增益方向图的各个旁瓣，如用多个 sinc 函数组合模拟的交叉极化方向图函数为

$$F(\varphi) = \begin{cases} L_1 \cdot \left[\sin(k_1 \cdot (\varphi + \theta_1 / 2)) / (k_1 \cdot (\varphi + \theta_1 / 2))\right]^2, & \varphi \in (-\varphi_0 / 2, 0) \\ L_2 \cdot \left[\sin(k_2 \cdot (\varphi - \theta_2 / 2)) / (k_2 \cdot (\varphi - \theta_2 / 2))\right]^2, & \varphi \in (0, \varphi_0 / 2) \end{cases} \tag{9.13}$$

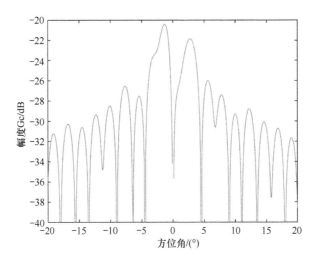

图 9.5 sin*x*/*x* 导数变体函数交叉极化方向图

式中：L_1、L_2 分别为各个旁瓣的衰减值；k_1、k_2 分别为 sinc 函数旁瓣数量及主瓣宽度参数；θ_1、θ_2 分别为各个组合函数的主瓣宽度；φ_0 为天线方向图分布的角度跨度。

设置 $L_1 = -20\text{dB}$、$L_2 = -10\text{dB}$、$\varphi_0 = 40°$、$\theta_1 = 4°$、$\theta_2 = 5°$、$k_1 = 90$、$k_2 = 70$，仿真得到交叉极化方向图（图 9.6）。

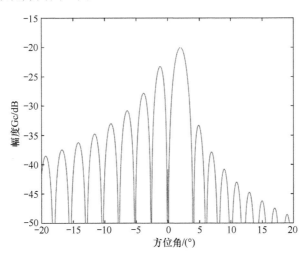

图 9.6 sin*x*/*x* 组合函数交叉极化方向图

9.2 阵列天线交叉极化方向图建模

阵列天线辐射特性的主要参数为阵元数目、分布形式、单元间距、激励幅度和相位。阵列天线的方向图是指天线辐射增益随空间扫描角度变化的关系图，是阵元单元方向图函数，即阵元因子和阵列因子的乘积：

$$E(\theta,\varphi) = F_\sigma(\theta,\varphi) \cdot F_a(\theta,\varphi) \tag{9.14}$$

式中：$F_\sigma(\theta,\varphi)$ 为阵元因子；$F_a(\theta,\varphi)$ 为阵列因子。

描述天线辐射能量集中程度的参数有方向性系数和增益。天线的方向性系数描述了天线的方向特性，可以定量地表示天线辐射的电磁能量密度分布。天线在某辐射方向上的辐射强度 $U(\theta,\varphi)$ 与平均辐射强度之比定义为该方向的方向系数：

$$D(\theta,\varphi) = \frac{U(\theta,\varphi)}{P_\Sigma / (4\pi)} \tag{9.15}$$

式中：P_Σ 为总辐射功率，更一般的表达式为

$$D(\theta,\varphi) = 4\pi \cdot \frac{F^2(\theta,\varphi)}{\int_0^{2\pi} \int_{-\pi/2}^{\pi/2} F^2(\theta,\varphi) \cos\theta \mathrm{d}\theta \mathrm{d}\varphi} \tag{9.16}$$

式中：$F(\theta,\varphi)$ 为天线的归一化方向函数。

天线增益表征天线辐射能量的集中程度，为天线在某方向上的辐射强度 $U(\theta,\varphi)$ 与天线以同一输入功率向各方向均匀辐射时的辐射强度 $P_A / (4\pi)$ 之比：

$$G(\theta,\varphi) = \frac{U(\theta,\varphi)}{P_A / (4\pi)} \tag{9.17}$$

从定义可以看出，天线的方向性系数与增益基本是等效的，可根据需要具体应用。

阵列天线往往是由许多传感器按一定规则排列的辐射装置，如图9.7所示，为方便讨论，只考虑一维方向的情况。包含 N 个阵元，假设阵元间距为 d，第 n 个阵元的方向图函数为 $g_n(\theta)$，θ 是阵列主轴方向与信号入射方向的夹角。

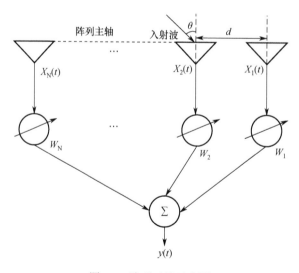

图9.7　阵列天线示意图

第 n 个阵元接收到的信号为 $x_n(t)$，整个阵列接收到的信号可以表示为

$$\boldsymbol{x} = \left[x_1(t), x_2(t), \cdots, x_N(t) \right]^{\mathrm{T}} \tag{9.18}$$

式中：T 为转置运算。

第 n 个阵元的权系数为 w_n，是一个复数，阵列权向量为

$$\boldsymbol{w} = \left[w_1, w_2, \cdots, w_N \right]^{\mathrm{T}} \tag{9.19}$$

阵列天线的输出是各阵元的加权求和：

$$y(t) = \boldsymbol{w}^{\mathrm{T}} \cdot \boldsymbol{x} = \sum_{n=1}^{N} w_n \cdot x_n(t) \tag{9.20}$$

假设入射波的振幅为 A，频率为 w_0，波长为 λ，初相为 ψ。则第 n 个阵元接收到的信号为

$$x_n(t) = A \cdot \mathrm{e}^{j(w_0 t + \psi)} \cdot \mathrm{e}^{-j\phi_n(\theta)} \cdot g_n(\theta) \ (1 \leqslant n \leqslant N) \tag{9.21}$$

式中：$\phi_n(\theta) = (2\pi / \lambda) \cdot (n-1) \cdot d \cdot \sin\theta$ 为由阵元间的距离引起的相位差。将式（9.21）带入式（9.18）得到：

$$\boldsymbol{x} = A \cdot \mathrm{e}^{j(w_0 t + \psi)} \cdot \left[g_1(\theta) \mathrm{e}^{-j\phi_1(\theta)}, g_2(\theta) \mathrm{e}^{-j\phi_2(\theta)}, \cdots, g_N(\theta) \mathrm{e}^{-j\phi_N(\theta)} \right]^{\mathrm{T}} \tag{9.22}$$

令：

$$\boldsymbol{v} = \left[g_1(\theta) \mathrm{e}^{-j\phi_1(\theta)}, g_2(\theta) \mathrm{e}^{-j\phi_2(\theta)}, \cdots, g_N(\theta) \mathrm{e}^{-j\phi_N(\theta)} \right]^{\mathrm{T}} \tag{9.23}$$

当信号频率已知时，矢量 $\boldsymbol{v}$ 仅与信号的入射方向和阵列构型有关，称为导向矢量或阵列流形。

则接收信号可表示为

$$\boldsymbol{x} = A \cdot \mathrm{e}^{j(w_0 t + \psi)} \cdot \boldsymbol{v} \tag{9.24}$$

将式（9.24）带入式（9.20）可得：

$$y(t) = A \cdot \mathrm{e}^{j(w_0 t + \psi)} \cdot \boldsymbol{w}^{\mathrm{T}} \cdot \boldsymbol{v} \tag{9.25}$$

式中：$A \cdot \mathrm{e}^{j(w_0 t + \psi)}$ 为与阵列构型和入射角度无关的量。则阵列的方向图函数可以定义为

$$p(\theta) = \left| \boldsymbol{w}^{\mathrm{T}} \cdot \boldsymbol{v} \right| \tag{9.26}$$

以上的阵列天线方向图分析方法不仅适用于天线主极化方向图，同样也适用于交叉极化方向图，只需将 $p(\theta) = \left| \boldsymbol{w}^{\mathrm{T}} \cdot \boldsymbol{v} \right|$ 修改为 $p_c(\theta) = \left| \boldsymbol{w}_c^{\mathrm{T}} \cdot \boldsymbol{v}_c \right|$，其中下标 c 为交叉极化。阵列交叉极化方向图函数中有两个主要参数阵列天线交叉极化权矢量 $\boldsymbol{w}_c$ 和交叉极化导向矢量 $\boldsymbol{v}_c$，其中 $\boldsymbol{w}_c$ 可根据需要设定不同权值，比如加窗来压低旁瓣，与极化方式无关，取决于应用需求。根据式（9.23）可知，$\boldsymbol{v}_c$ 取决于信号入射方向、阵列构型及单个阵元交叉极化方向图函数。综上所述，阵列天线交叉极化方向图函数主要取决于单个阵元的交叉极化特性，并且与阵列构型、信号入射方向及阵列权矢量有关。

设阵元的交叉极化方向图函数为 $g_{cn}(\theta)$，则交叉极化导向矢量 $\boldsymbol{v}_c$ 为

$$\boldsymbol{v}_c = \left[g_{c1}(\theta) \mathrm{e}^{-j\phi_1(\theta)}, g_{c2}(\theta) \mathrm{e}^{-j\phi_2(\theta)}, \cdots, g_{cN}(\theta) \mathrm{e}^{-j\phi_N(\theta)} \right]^{\mathrm{T}} \tag{9.27}$$

式中，$\mathrm{e}^{-j\phi_n(\theta)}$ 为各个阵元之间的相位差，与信号入射方向及阵列天线的阵型有关。

阵列天线一般工作于主极化工作模式，不会针对交叉极化分量进行权矢量设计。所以，对各个阵元接收的交叉极化分量进行加权时，一般直接采用主极化权矢量，即

$$\boldsymbol{w}_c = \left[w_{c1}, w_{c2}, \cdots, w_{cN} \right]^{\mathrm{T}} = \boldsymbol{w} \tag{9.28}$$

则阵列天线的交叉极化方向图函数为

$$\begin{aligned}
p_c(\theta) &= \left| \boldsymbol{w}_c^{\mathrm{T}} \cdot \boldsymbol{v}_c \right| \\
&= \left| w_{c1} \cdot g_{c1}(\theta) \cdot \mathrm{e}^{-j\phi_1(\theta)} + w_{c2} \cdot g_{c2}(\theta) \cdot \mathrm{e}^{-j\phi_2(\theta)} + \cdots + w_{cN} \cdot g_{cN}(\theta) \cdot \mathrm{e}^{-j\phi_N(\theta)} \right|
\end{aligned} \tag{9.29}$$

采用均匀线阵对上述阵列天线交叉极化方向图建模方法进行仿真分析，设置阵元数为 8 个，阵元间距为半波长，入射波频率为 5GHz，各个阵元的交叉极化方向图函数为一致的 $g_c(\theta)$，采用前面给出的 sinx/x 导数变体函数，用矩形窗函数进行矢量加权 $\boldsymbol{w}_c = [1,1,\cdots,1]^{\mathrm{T}}$，则阵列天线交叉极化方向图函数变为

$$\begin{aligned}
p_c(\theta) &= \left| \boldsymbol{w}_c^{\mathrm{T}} \cdot \boldsymbol{v}_c \right| \\
&= \left| g_c(\theta) \cdot \mathrm{e}^{-j\phi_1(\theta)} + g_c(\theta) \cdot \mathrm{e}^{-j\phi_2(\theta)} + \cdots + g_c(\theta) \cdot \mathrm{e}^{-j\phi_N(\theta)} \right| \\
&= \left| g_c(\theta) \right| \cdot \left| \mathrm{e}^{-j\phi_1(\theta)} + \mathrm{e}^{-j\phi_2(\theta)} + \cdots + \mathrm{e}^{-j\phi_N(\theta)} \right|
\end{aligned} \tag{9.30}$$

式中：$\phi_n(\theta) = (2\pi / \lambda) \cdot (n-1) \cdot d \cdot \sin\theta$ 为阵元间距引起的相位差。得到的阵列天线交叉极化方向图函数如图 9.8 所示。

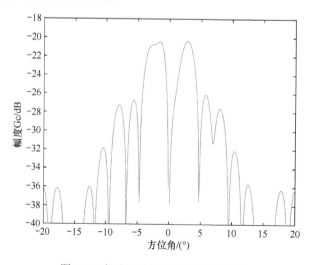

图 9.8 阵列天线交叉极化方向图函数

9.3 相控阵雷达天线交叉极化方向图建模

对相控阵雷达系统仿真而言，天线方向图的仿真是基础，也是整个系统仿真中的难点。与机械扫描雷达相比，相控阵雷达在天线波束形成和扫描方式控制方面与其有极大差别。相控阵雷达天线具有天线波束的快速扫描能力、天线波束形状的快速变化能力、空间定向与空域滤波能力、空间功率合成能力，以及天线与平台共形的能力等诸多优点。相控阵雷达天线波束由计算机控制，在空间几乎是无惯性扫描，具有很大的灵活性。相控阵天线增益随着灵活的波束扫描而变化。除此之外，天线阵元的排列方式以及阵元间距等对相控阵天线的增益和方向图有很大影响。同时，为了获得较高的天线增益和较低的旁瓣电平，还需对相控阵天线阵面进行适当的加权处理。这给扫描时天线增益的系统仿真带来了许多复杂的问题。本节不再累述相控阵天线的基本原理，仅以阵元激励幅度相同、阵元间距相等的平面相控阵天线为例，讨论相控阵天线方向图的特点，建立其数学模型。

9.3.1 相控阵天线的交叉极化方向图建模分析

由天线方向图的乘积原理可知，相控阵天线的一般电压方向图可描述为

$$g(\theta,\varphi) = G(\theta,\varphi) \cdot |E(\theta,\varphi)| \cdot |e(\theta,\varphi)| \tag{9.31}$$

式中：$g(\theta,\varphi)$ 为天线方向图；$G(\theta,\varphi)$ 为方向性因子；$E(\theta,\varphi)$ 为阵因子；$e(\theta,\varphi)$ 为阵元因子；θ、φ 分别为阵面球坐标系下的方位角和俯仰角，$\varphi \in [0, \pi/2]$，$\theta \in [0, 2\pi]$。

这里考虑的阵元因子 $e(\theta,\varphi)$ 可以看作一个近似全向阵元的辐射图，在 $|\theta| \in (0, \theta_1)$（$\theta_1$ 一般在 45°～75° 之间取值）范围内变化不大，其主极化分量可以取 $e_m(\theta,\varphi) \approx 1$。假设阵元采用的是正交偶极子天线，其极化比为

$$\rho = -\frac{E_\theta}{E_\varphi} = \frac{\cos\theta \cdot \cos\varphi + j\cos\theta \cdot \sin\varphi}{\sin\varphi - j\cos\varphi} = j \cdot \cos\theta \tag{9.32}$$

由于在应用角度范围内，其主极化分量 $e_m(\theta,\varphi) \approx 1$，则其交叉极化分量可以取值 $e_c(\theta,\varphi) = -j \cdot \cos\theta$。

考虑到是电压方向图，方向性因子为

$$\rho = -\frac{E_\theta}{E_\varphi} = \frac{\cos\theta \cdot \cos\varphi + j\cos\theta \cdot \sin\varphi}{\sin\varphi - j\cos\varphi} = j \cdot \cos\theta \tag{9.33}$$

综上所述，阵元因子 $e_c(\theta,\varphi) = -j \cdot \cos\theta$，方向性因子 $G_c(\theta,\varphi)$ 只影响天线增益的变化，而天线交叉极化波束形状主要由阵因子 $E_c(\theta,\varphi)$ 确定。因此，以下着重讨论阵因子 $E_c(\theta,\varphi)$ 的模拟。

如图 9.9 所示，一个由 $(2N_x+1) \times (2N_y+1)$ 个阵元组成的平面阵，图中所示坐标系为 $O - x_p y_p z_p$ 的阵面直角坐标系，(θ,φ) 为阵面球坐标系，阵因子为

$$E(\theta,\varphi) = \sum_{m=-N_x}^{N_x} \sum_{n=-N_y}^{N_y} I_{mn} \cdot \exp\left[jk(md_x\tau_x + nd_y\tau_y)\right] \qquad (9.34)$$

式中：d_x、d_y 为 x、y 方向上相邻阵元的间隔；k 为波位数；I_{mn} 为加权系数；$\tau_x = \sin\theta\cos\varphi - \sin\theta_0\cos\varphi_0$；$\tau_y = \sin\theta\sin\varphi - \sin\theta_0\sin\varphi_0$；$(\theta,\varphi)$ 为波束指向。

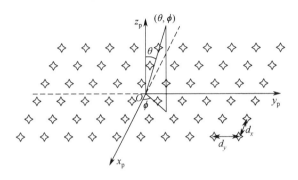

图 9.9　平面相控阵天线示意图

通过阵因子的表达式可以看出，$E(\theta,\varphi)$ 不仅与 (θ,φ) 有关，还与波束指向 (θ_0,φ_0) 有关，即天线方向图的形状与波束指向有关。同时，阵因子反应的是阵型对相控阵天线方向图的影响，式（9.34）同样可以用于描述天线的交叉极化方向图阵因子 $E_c(\theta,\varphi)$。

综合以上分析可得，相控阵天线的交叉极化方向图一般表达式为

$$
\begin{aligned}
g_c(\theta,\varphi) &= G_c(\theta,\varphi) \cdot \left|E_c(\theta,\varphi)\right| \cdot \left|e_c(\theta,\varphi)\right| \\
&= \left[\frac{4\pi A}{\lambda^2} \cdot \eta_c \cdot \cos\theta_1 \cdot \left(1 - \left|\Gamma(\theta,\varphi)\right|^2 - R_{\mathrm{loss}}\right)\right]^{1/2} \\
&\quad \cdot \left|\cos\theta\right| \cdot \left|\sum_{m=-N_x}^{N_x} \sum_{n=-N_y}^{N_y} I_{mn} \cdot \exp\left[jk\left(md_x\tau_x + nd_y\tau_y\right)\right]\right|
\end{aligned} \qquad (9.35)
$$

与波束指向、空间角度 (θ,φ)、阵型及失配和欧姆损耗有关。

9.3.2　相控阵天线扫描特性分析

令 (θ,φ) 为阵面球坐标系，(T_x,T_y) 为正弦空间坐标系。当波束指向阵面法向时，设相控阵天线方向图主瓣在 $(\mathrm{d}\theta,\mathrm{d}\varphi)$ 处恰好下降 3dB，根据坐标系间的转换关系，有 $\mathrm{d}T_x = \sin(\mathrm{d}\theta) \cdot \cos(\mathrm{d}\varphi)$，$\mathrm{d}T_y = \sin(\mathrm{d}\theta) \cdot \sin(\mathrm{d}\varphi)$，可知 $\mathrm{d}T_x$、$\mathrm{d}T_y$ 满足椭圆方程：

$$\frac{\mathrm{d}T_x^2}{\left(\frac{1}{2}B_{x0}\right)^2} + \frac{\mathrm{d}T_y^2}{\left(\frac{1}{2}B_{y0}\right)^2} = 1 \qquad (9.36)$$

当波束指向 (θ_0, φ_0) 时，设 $T_{x0} = \sin\theta_0 \cdot \cos\varphi_0$，$T_{y0} = \sin\theta_0 \cdot \sin\varphi_0$，可得

$$\frac{(T_{x0} - \mathrm{d}T_x)^2}{\left(\dfrac{1}{2}B_{x0}\right)^2} + \frac{(T_{y0} - \mathrm{d}T_y)^2}{\left(\dfrac{1}{2}B_{y0}\right)^2} = 1 \tag{9.37}$$

当天线波束指向 (θ_0, φ_0) 时，其半功率点宽度为

$$B_\theta = \frac{B_0}{\cos\theta_0}(\theta_0 < 60°) \tag{9.38}$$

从式（9.38）可以看出，相控阵天线波束的半功率点宽度与扫描角的余弦值成反比。当扫描角 $\theta_0 = 0°$ 时，$B_\theta = B_0$；当扫描角增大时，则波束随之变宽。因此，对于一般的相控阵天线而言，波束的半功率点截面图近似为椭圆形，其长轴为 $B_\theta = B_0 / \cos\theta_0$，短轴为 B_0。

正弦空间坐标系是相控阵雷达仿真常用的坐标系，其优点是天线方向图不随扫描角变化，只与相邻辐射单元间相位差延迟成比例的平移。

正弦空间是单元球面在阵列平面上的投影。设 r 为原点到目标的径向距离，θ 为空间一点和原点连线与阵面法线的夹角，φ 为空间一点在阵面上的投影与 x_p 轴的夹角，即 θ、φ 分别为阵面球坐标系中的俯仰角和方位角，阵面正弦空间坐标系 (r, T_x, T_y) 定义为

$$\begin{cases} T_x = \sin\theta \cdot \cos\varphi \\ T_y = \sin\theta \cdot \sin\varphi \end{cases}(\theta \in [0, \pi/2], \varphi \in [0, 2\pi)) \tag{9.39}$$

阵因子在正弦空间坐标系中的表达为

$$E_\mathrm{c}(\theta, \varphi) = \sum_{m=-N_x}^{N_x} \sum_{n=-N_y}^{N_y} I_{mn} \cdot \exp\left\{jk\left[md_x(T_x - T_{x0}) + nd_y(T_y - T_{y0})\right]\right\} \tag{9.40}$$

由式（9.40）可知，在正弦空间坐标系中方向图的形状是不变的，只是随着波束指向的变化而平移。

9.3.3　波束指向阵面法向时子波束方向图的建模

绝大部分的相控阵雷达采用单脉冲测角体制，由于在正弦空间坐标系中相控阵天线方向图的形状不随波束扫描角的变化而变化，所以，在此坐标系下模拟相控阵天线方向图时只需先绘出天线波束指向阵面法向时的子波束天线方向图、方位和差波束天线方向图、俯仰和差波束天线方向图。当天线波束扫描偏离法线方向时，方向图的形状不变，方向性因子 $g(\theta, \varphi)$ 与 $\sqrt{\cos\theta}$ 成正比，只需在和差波束上乘以相应的幅度衰减因子 $\sqrt{\cos\theta}$ 即可，其中 θ 为阵面球坐标系下的波束俯仰角。

当波束指向阵面法向时，采用拟合模型逼近法对子波束进行仿真，即用几个辛格函数主瓣的组合来分段模拟子波束的方向图。

考虑波束指向阵面法向时，目标所处方向为 $(\theta_\mathrm{T}, \varphi_\mathrm{T})$，此时目标与阵面法向之

间的夹角为 $\Delta = \theta_T$。当 Δ 处于半功率宽度内时，用一段辛格函数来拟合此段方向图。当 Δ 处于半功率点时，场强增益下降为最大值的 0.707 倍，辛格函数的函数值为最大值的 0.707 倍时对应的横坐标为 $x_0(x_0 > 0)$。这 B_0 为波束指向阵面法向时的半功率点宽度，将 $[0, x_0]$ 区间的辛格函数通过坐标转化为 $[0, B_0/2]$ 区间的辛格函数，得到该段的拟合函数：

$$\frac{\Delta}{B_0/2} = \frac{x}{x_0} \Rightarrow x = \frac{2x_0\Delta}{B_0} \qquad (9.41)$$

则拟合函数为 $\mathrm{Sa}(x) = \mathrm{Sa}\left(\dfrac{2x_0\Delta}{B_0}\right)$。采用同样的方法可求得当 Δ 处于半功率点到第一零点以及第一零点以后的拟合函数：

$$G_c(\theta_T, \varphi_T) = G_c(\Delta) = \begin{cases} A \cdot \mathrm{Sa}\left(\dfrac{2x_0\Delta}{B_0}\right) & \left(\Delta \in \left[0, \dfrac{B_0}{2}\right]\right) \\ 0.707A \cdot \mathrm{Sa}\left(\dfrac{2x_1}{2\alpha_1 - B_0}\left(\Delta - \dfrac{B_0}{2}\right)\right) & \left(\Delta \in \left[\dfrac{B_0}{2}, \alpha_1\right]\right) \\ B \cdot \mathrm{Sa}\left(\dfrac{x_2}{\alpha_{1.5} - \alpha_1}(\Delta - \alpha_{1.5})\right) & \left(\Delta \in [\alpha_1, +\infty]\right) \end{cases} \qquad (9.42)$$

式中：A 为波束指向阵面法向时的最大增益值；B 为波束指向阵面法向时的第一副瓣的增益值；B_0 为波束指向阵面法向时的半功率点宽度；α_1 为波束指向阵面法向时的第一零点；$\alpha_{1.5}$ 为波束指向阵面法向时第一副瓣的峰值所在位置；x_0 为方程 $\sin x_0 = 0.707x_0$ 的解；x_1 为方程 $\sin x_1 = \dfrac{C}{0.707A}x_1$ 的解；x_2 为方程 $\sin x_2 = \dfrac{C}{B}x_2$ 的解，C 为波束指向阵面法向时第一零点增益。式（9.42）将子波束方向图函数分为三段进行了模拟，也可根据需要再详加划分，拟合方法是一样的。

9.3.4 波束指向阵面法向时和差波束方向图的建模

相控阵雷达大部分采用单脉冲测角，主要有相位和差法和振幅和差法两种模式，两种测角方法的模拟思路是一致的，这里着重谈论相位和差法的模拟方法。

根据相位和差法测角原理，天线的四个子波束接收信号的幅度是一样的，根据各阵元间接收信号的相位差进行测角。先模拟出子波束的增益，然后根据各阵元间的相位差合成和波束与差波束进而得到和增益、方位差增益和俯仰差增益。

图 9.10 所示为相位和差波束形成示意图，将整个天线阵面分为四个象限，分别为 A、B、C、D。以天线阵面中心为相位参考点，设信号为 $s(t)$，到达四个子阵中心的信号幅度相同，只是存在相位差。设每个子阵天线交叉极化方向图增益为 G_c，则各个子阵天线接收的信号为

$$s_A(t) = G_c \cdot e^{j\theta_{A0}}, \quad s_B(t) = G_c \cdot e^{j\theta_{B0}}, \quad s_C(t) = G_c \cdot e^{j\theta_{C0}}, \quad s_D(t) = G_c \cdot e^{j\theta_{D0}} \qquad (9.43)$$

式中：θ_{i0} 为第 $i(i=A,B,C,D)$ 个子阵相对相位参考点的相移。

图 9.10 中，xyz 坐标系为阵面直角坐标系，将 xyz 坐标系在 xOy 平面上逆时针旋转 45° 得到 $x'y'z'$ 坐标系。θ 为目标指向与阵面法线的夹角，即阵面球坐标中的俯仰角，φ 为目标指向在阵面的投影线 OT' 与 x 轴正向的夹角，即阵面球坐标系中的方位角，φ' 为 OT' 与 x' 轴负向的夹角。当目标来波方向不同，即 φ 角处于不同范围时，φ 与 φ' 存在不同的对应关系，而各子阵相对于阵面中心的相位超前滞后关系也不同。

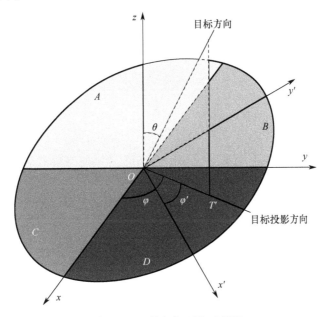

图 9.10　二维相扫面阵示意图

设 $0 \leqslant \varphi \leqslant \pi/4$ 或 $7\pi/4 \leqslant \varphi \leqslant 2\pi$ 时，$\varphi' = \pi/4 - \varphi$，此时，$A$、$B$ 子阵接收信号的相位是超前于阵面中心的，C、D 子阵接收信号的相位是滞后于阵面中心的。设天线阵面中心到各象限子阵的阵中心距离为 R，信号在天线阵面中心与子阵 A 之间的传播距离及带来的相位差为

$$d_{A0} = R \cdot \sin\theta \cdot \cos\varphi', \theta_{A0} = \frac{2\pi R}{\lambda}\sin\theta \cdot \cos\varphi' \tag{9.44}$$

信号在天线阵面中心与子阵 B 之间的传播距离及带来的相位差为

$$d_{B0} = R \cdot \sin\theta \cdot \sin\varphi', \theta_{B0} = \frac{2\pi R}{\lambda}\sin\theta \cdot \sin\varphi' \tag{9.45}$$

信号在天线阵面中心与子阵 C 之间的传播距离及带来的相位差为

$$d_{C0} = R \cdot \sin\theta \cdot \sin\varphi', \theta_{C0} = -\frac{2\pi R}{\lambda}\sin\theta \cdot \sin\varphi' \tag{9.46}$$

信号在天线阵面中心与子阵 D 之间的传播距离及带来的相位差为

$$d_{C0} = R \cdot \sin\theta \cdot \sin\varphi', \theta_{C0} = -\frac{2\pi R}{\lambda}\sin\theta \cdot \sin\varphi' \tag{9.47}$$

子阵 A、B、C、D 接收信号为

$$\begin{cases} s_A(t) = G_c \cdot e^{j\theta_{A0}} = G_c \cdot e^{j\frac{2\pi R}{\lambda}\sin\theta \cdot \cos\varphi'} \\ s_B(t) = G_c \cdot e^{j\theta_{B0}} = G_c \cdot e^{j\frac{2\pi R}{\lambda}\sin\theta \cdot \sin\varphi'} \\ s_C(t) = G_c \cdot e^{j\theta_{C0}} = G_c \cdot e^{-j\frac{2\pi R}{\lambda}\sin\theta \cdot \sin\varphi'} \\ s_D(t) = G_c \cdot e^{j\theta_{D0}} = G_c \cdot e^{-j\frac{2\pi R}{\lambda}\sin\theta \cdot \cos\varphi'} \end{cases} \tag{9.48}$$

和信号 $s_\Sigma(t) = \sum\limits_{k=A}^{D} w_k s_k(t)$，取 $w_A = w_B = w_C = w_D = 1$，则

$$\begin{cases} s_A(t) = G_c \cdot e^{j\theta_{A0}} = G_c \cdot e^{j\frac{2\pi R}{\lambda}\sin\theta \cdot \cos\varphi'} \\ s_B(t) = G_c \cdot e^{j\theta_{B0}} = G_c \cdot e^{j\frac{2\pi R}{\lambda}\sin\theta \cdot \sin\varphi'} \\ s_C(t) = G_c \cdot e^{j\theta_{C0}} = G_c \cdot e^{-j\frac{2\pi R}{\lambda}\sin\theta \cdot \sin\varphi'} \\ s_D(t) = G_c \cdot e^{j\theta_{D0}} = G_c \cdot e^{-j\frac{2\pi R}{\lambda}\sin\theta \cdot \cos\varphi'} \end{cases} \tag{9.49}$$

俯仰差信号 $s_{\Delta E}(t) = \sum\limits_{k=A}^{D} w_k' s_k(t)$，$w_A' = -1, w_B' = 1, w_C' = -1, w_D' = 1$，则

$$\begin{aligned} s_{\Delta E}(t) &= [s_B(t) + s_D(t)] - [s_A(t) + s_C(t)] \\ &= G_c\left[2j \cdot \sin\left(\frac{2\pi R}{\lambda}\sin\theta \cdot \sin\varphi'\right) - 2j \cdot \sin\left(\frac{2\pi R}{\lambda}\sin\theta \cdot \cos\varphi'\right) \right] \\ &= G_c\left\{ -2j \cdot \sin\left[\frac{2\pi R}{\lambda}\sin\theta \cdot \cos\left(\frac{\pi}{4}-\varphi\right)\right] + 2j \cdot \sin\left[\frac{2\pi R}{\lambda}\sin\theta \cdot \sin\left(\frac{\pi}{4}-\varphi\right)\right] \right\} \end{aligned} \tag{9.50}$$

方位差信号 $s_{\Delta A}(t) = \sum\limits_{k=A}^{D} w_k'' s_k(t)$，$w_A'' = -1, w_B'' = -1, w_C'' = 1, w_D'' = 1$，则

$$\begin{aligned} s_{\Delta A}(t) &= [s_C(t) + s_D(t)] - [s_A(t) + s_B(t)] \\ &= G_c\left[-2j \cdot \sin\left(\frac{2\pi R}{\lambda}\sin\theta \cdot \cos\varphi'\right) - 2j \cdot \sin\left(\frac{2\pi R}{\lambda}\sin\theta \cdot \sin\varphi'\right) \right] \\ &= G_c\left\{ -2j \cdot \sin\left[\frac{2\pi R}{\lambda}\sin\theta \cdot \cos\left(\frac{\pi}{4}-\varphi\right)\right] - 2j \cdot \sin\left[\frac{2\pi R}{\lambda}\sin\theta \cdot \sin\left(\frac{\pi}{4}-\varphi\right)\right] \right\} \end{aligned} \tag{9.51}$$

对来自各个方向的信号均做以上处理，可以得出以下结论：无论入射角来自

哪个方位，其和信号、俯仰差信号和方位差信号都可以表示为

$$s_\Sigma(t) = s_A(t) + s_B(t) + s_C(t) + s_D(t)$$

$$= G_c \left\{ 2\cos\left[\frac{2\pi R}{\lambda} \sin\theta \cdot \cos\left(\frac{\pi}{4} - \varphi\right) \right] + 2\cos\left[\frac{2\pi R}{\lambda} \sin\theta \cdot \sin\left(\frac{\pi}{4} - \varphi\right) \right] \right\}$$ (9.52)

$$s_{\Delta E}(t) = \left[s_B(t) + s_D(t) \right] - \left[s_A(t) + s_C(t) \right]$$

$$= G_c \left\{ -2\mathrm{j} \cdot \sin\left[\frac{2\pi R}{\lambda} \sin\theta \cdot \cos\left(\frac{\pi}{4} - \varphi\right) \right] + 2\mathrm{j} \cdot \sin\left[\frac{2\pi R}{\lambda} \sin\theta \cdot \sin\left(\frac{\pi}{4} - \varphi\right) \right] \right\}$$

（9.53）

$$s_{\Delta A}(t) = \left[s_C(t) + s_D(t) \right] - \left[s_A(t) + s_B(t) \right]$$

$$= G_c \left\{ -2\mathrm{j} \cdot \sin\left[\frac{2\pi R}{\lambda} \sin\theta \cdot \cos\left(\frac{\pi}{4} - \varphi\right) \right] - 2\mathrm{j} \cdot \sin\left[\frac{2\pi R}{\lambda} \sin\theta \cdot \sin\left(\frac{\pi}{4} - \varphi\right) \right] \right\}$$

（9.54）

将式（9.52）～式（9.54）进行综合，可得和差增益方向图均可由式（9.55）表示：

$$s_{\Sigma\Delta}(t) = G_c \left\{ \left[(w_A + w_D)\cos\left(\frac{2\pi R}{\lambda} \sin\theta \cdot \cos\left(\frac{\pi}{4} - \varphi\right)\right) + \right. \right.$$

$$\left. (w_B + w_C)\cos\left(\frac{2\pi R}{\lambda} \sin\theta \cdot \sin\left(\frac{\pi}{4} - \varphi\right)\right) \right]$$

$$+ \mathrm{j} \cdot \left[(w_A - w_D)\sin\left(\frac{2\pi R}{\lambda} \sin\theta \cdot \cos\left(\frac{\pi}{4} - \varphi\right)\right) + \right.$$

$$\left. \left. (w_B - w_C)\sin\left(\frac{2\pi R}{\lambda} \sin\theta \cdot \sin\left(\frac{\pi}{4} - \varphi\right)\right) \right] \right\}$$

（9.55）

当 $w_A = w_B = w_C = w_D = 1$ 时，得到和增益方向图；
当 $w_A = -1, w_B = 1, w_C = -1, w_D = 1$ 时，得到俯仰差增益方向图；
当 $w_A = -1, w_B = -1, w_C = 1, w_D = 1$ 时，得到方位差增益方向图。

由正弦空间坐标系与阵面球坐标系的转化关系可得

$$\sin\theta \cdot \cos\left(\frac{\pi}{4} - \varphi\right) = \frac{\sqrt{2}}{2}\sin\theta \cdot (\cos\varphi + \sin\varphi) = \frac{\sqrt{2}}{2}(T_x + T_y)$$ (9.56)

$$\sin\theta \cdot \sin\left(\frac{\pi}{4} - \varphi\right) = \frac{\sqrt{2}}{2}\sin\theta \cdot (\cos\varphi - \sin\varphi) = \frac{\sqrt{2}}{2}(T_x - T_y)$$ (9.57)

和差方向图函数可由正弦空间坐标表示为

$$s_\Sigma(T_x, T_y) = G_c \left\{ 2\cos\left[\frac{2\pi R}{\lambda} \sin\theta \cdot \cos\left(\frac{\pi}{4} - \varphi\right) \right] + 2\cos\left[\frac{2\pi R}{\lambda} \sin\theta \cdot \sin\left(\frac{\pi}{4} - \varphi\right) \right] \right\}$$

$$=G_c\left\{2\cos\left[\frac{2\pi R}{\lambda}\cdot\frac{\sqrt{2}}{2}\left(T_x+T_y\right)\right]+2\cos\left[\frac{2\pi R}{\lambda}\cdot\frac{\sqrt{2}}{2}\left(T_x-T_y\right)\right]\right\} \tag{9.58}$$

$$s_{\Delta E}\left(T_x,T_y\right)=G_c\left\{-2\sin\left[\frac{2\pi R}{\lambda}\sin\theta\cdot\cos\left(\frac{\pi}{4}-\varphi\right)\right]+2\sin\left[\frac{2\pi R}{\lambda}\sin\theta\cdot\sin\left(\frac{\pi}{4}-\varphi\right)\right]\right\}$$

$$=G_c\left\{-2\sin\left[\frac{2\pi R}{\lambda}\cdot\frac{\sqrt{2}}{2}\left(T_x+T_y\right)\right]+2\sin\left[\frac{2\pi R}{\lambda}\cdot\frac{\sqrt{2}}{2}\left(T_x-T_y\right)\right]\right\} \tag{9.59}$$

$$s_{\Delta A}\left(T_x,T_y\right)=G_c\left\{-2\sin\left[\frac{2\pi R}{\lambda}\sin\theta\cdot\cos\left(\frac{\pi}{4}-\varphi\right)\right]-2\sin\left[\frac{2\pi R}{\lambda}\sin\theta\cdot\sin\left(\frac{\pi}{4}-\varphi\right)\right]\right\}$$

$$=G_c\left\{-2\sin\left[\frac{2\pi R}{\lambda}\cdot\frac{\sqrt{2}}{2}\left(T_x+T_y\right)\right]-2\sin\left[\frac{2\pi R}{\lambda}\cdot\frac{\sqrt{2}}{2}\left(T_x-T_y\right)\right]\right\} \tag{9.60}$$

9.3.5 波束指向任意方向时和差波束方向图的建模

设天线波束指向为(θ_0,φ_0)，目标所处方向为(θ_T,φ_T)，得到正弦空间的角偏移量为

$$\begin{cases}\Delta T_x=\sin\theta_T\cdot\cos\varphi_T-\sin\theta_0\cdot\cos\varphi_0\\\Delta T_y=\sin\theta_T\cdot\sin\varphi_T-\sin\theta_0\cdot\sin\varphi_0\end{cases} \tag{9.61}$$

将$(\Delta T_x,\Delta T_y)$带入$s_\Sigma(T_x,T_y)$、$s_{\Delta A}(T_x,T_y)$和$s_{\Delta E}(T_x,T_y)$得到对应天线指向阵面法向时的和差增益$s_\Sigma(\Delta T_x,\Delta T_y)$、$s_{\Delta A}(\Delta T_x,\Delta T_y)$和$s_{\Delta E}(\Delta T_x,\Delta T_y)$。

当天线偏离阵面法向扫描时，波束将展宽，波束增益将下降，且波束形状也略有变化。但在正弦空间坐标中，天线方向图波束形状不随扫描角变化，只是波束增益相应下降：

$$s_\Sigma=s_\Sigma(\Delta T_x,\Delta T_y)\sqrt{\cos\theta_0} \tag{9.62}$$

$$s_{\Delta E}=s_{\Delta E}(\Delta T_x,\Delta T_y)\sqrt{\cos\theta_0} \tag{9.63}$$

$$s_{\Delta A}=s_{\Delta A}(\Delta T_x,\Delta T_y)\sqrt{\cos\theta_0} \tag{9.64}$$

得到天线波束任意指向时的和差方向图增益。

参 考 文 献

[1] 班永灵. 单轴各向异性背腔式微带贴片天线的表面缝隙场分布及交叉极化方向图分析[J]. 北京大学学报, 2004, 40(3):498-504.

[2] 束咸荣, 何炳发. 天线收发方向图互易性质疑[J]. 微波学报, 2008, 24(6):43-46.

[3] 束咸荣. 斜极化天线阵三维矢量辐射场测试分析[J]. 现代雷达, 2000, 22(5):52-55.

[4] Brockett T, Rahmat-Samii Y. A novel portable bipolar near-field measurement system for millimeter-wave antennas: construction, development, and verification [J]. IEEE Magazine on Antennas and Propagation, 2008,50(5):121-130.

[5] Hirose M, Kurokawa S, Komiyama K. Antenna measurements by one-path two-port calibration using radio-on-fiber extended port without power supply[J]. IEEE Transactions on Instrumentation and Measurement, 2007,56(2): 397-400.

[6] 王雪松, 李永祯, 徐振海, 等. 天线极化误差对天线接收功率影响的统计建模与分析[J]. 自然科学进展, 2001,11(11): 1210-1215.

[7] 周朝栋, 王元坤, 杨恩耀. 天线与电波[M]. 西安: 西安电子科技大学出版社, 2001.

[8] 卢万铮. 天线理论与技术[M]. 西安: 西安电子科技大学出版社, 2004.

[9] 张祖稷, 金林, 束咸荣. 雷达天线技术[M]. 北京: 电子工业出版社, 2005.

[10] 罗佳, 王雪松, 李永祯, 等. 天线空域极化特性的表征及分析[J]. 电波科学学报, 2008, 23(4): 620-628.

[11] 罗佳, 王雪松, 李永祯, 等. 实测天线的空域瞬态极化特性[J]. 电波科学学报, 2007, 22(9): 373-376.

[12] 王楠, 薛正辉, 杨仕明, 等. 超宽带超低副瓣相控阵天线时域远场辐射特性研究[J].电子学报, 2006,34(9):1605-1609.

[13] 杜小辉, 李建新, 郑学誉. X 波段双极化有源相控阵天线的设计[J]. 现代雷达, 2002, 5(9): 67-69.

[14] 齐子森, 郭英, 王布宏, 等. 共型阵列天线 MUSIC 算法性能分析[J]. 电子与信息学报, 2008, 30(11): 2674-2677.

[15] 黄艳刚. 极化阵列雷达单脉冲测角技术研究[D]. 国防科技大学电子科学与工程学院, 2013.11.

[16] 黎盛泉, 廖羽宇, 交叉极化干扰工程边界条件分析[J]. 电子信息对抗技术 2016, 31(4): 43-46.

[17] 李一立, 陶建锋, 李兴成, 一种针对旁瓣消隐雷达的假目标干扰方法[J]. 2016, 38(4): 73-76.

内 容 简 介

本书以雷达主瓣和副瓣的交叉极化干扰机理和应用为目标，系统地研究了天线特性、目标去极化效应，交叉极化干扰、不同干扰时序可能给雷达定向性能、副瓣对消、副瓣匿影等空域抗干扰性能带来的影响。研究了雷达和对抗双方具备极化信息处理能力，基于极化融合单脉冲处理模型设计了干扰反干扰数学仿真实验。部分研究成果有一定的理论基础和量测数据作为支撑，有助于推进雷达极化域自适应干扰技术的研究进展，具有重要的理论意义与应用价值。

本书系统性强、理论推导翔实，数据验证丰富，可供从事雷达系统工程、雷达对抗、雷达导引头、新体制雷达信息处理、雷达极化技术、多传感器信息融合等领域的科研人员和工程及书人员参考，也可作为高等院校相关专业高年级本科生、研究生教材。

Aiming at the cross polarization jamming mechanism and its application to the main lobe and side lobe of radar, this book systematically studies the influence of antenna characteristics, target depolarization effect, cross polarization jamming and different jamming timing on radar directional performance, side lobe cancellation, side lobe blanking and other spatial anti-jamming performance. In addition, the polarization information processing ability of radar and relevant countermeasures are studied; jamming and anti-jamming mathematical simulation experiments are designed on the basis of polarization fusion monopulse processing models. Based on a solid theoretical foundation and sufficient supporting data, the content above is of great significance both in theory and in practice to promote the development of radar polarization adaptive jamming technology.

This book is characterized by strong systematicness, detailed theoretical derivation and a rich supply of data verification. It can be used as a reference for scientific researchers and engineers engaged in radar system engineering, radar countermeasures, radar seeker, new radar information processing system , radar polarization technology, multi-sensor information fusion and other fields. It can also be used as a textbook for senior undergraduates and postgraduates of related majors in colleges and universities.

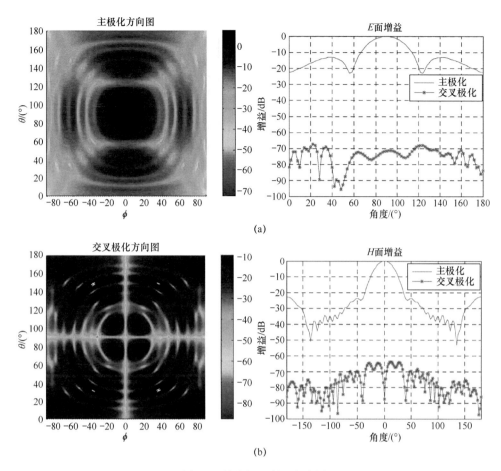

图 1.8　单个矩形喇叭方向图

（a）E 面方向图；（b）H 面方向图。

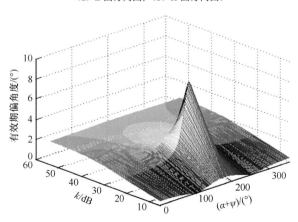

图 2.15　有效欺骗角度随 k 和 $\alpha+\psi$ 的变换关系图

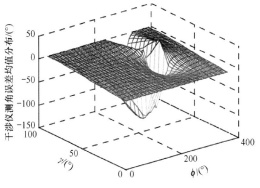

图 6.3　测角误差与来波极化、频率的关系

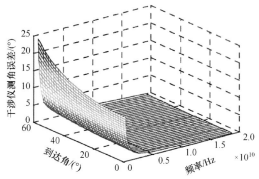

图 6.4　测角误差与信号频率、波达角的关系

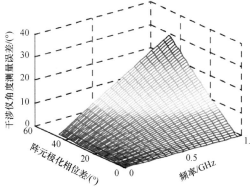

图 6.5　测角误差与阵元极化相位差、
信号波长间的关系

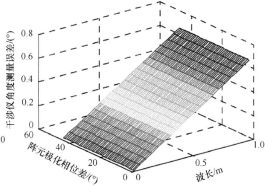

图 6.6　误差补偿后测角误差与阵元极化相位差、
波长间的关系

天线的远场分布低频-E.nsi

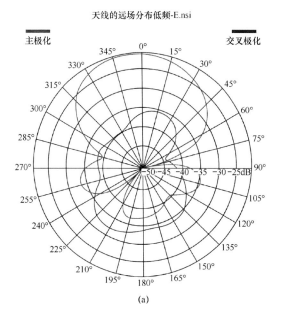

(a)

彩 2

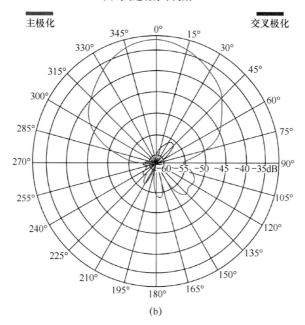

天线的远场分布高频-E.nsi

图 6.8　实测的干涉仪天线极化方向图

（a）0.5GHz 频率；（b）1.4GHz 频率。

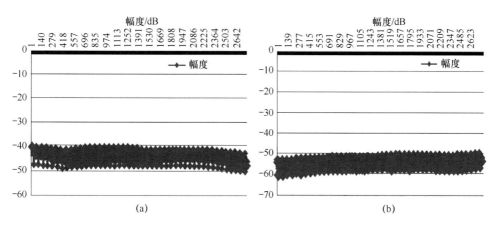

图 6.9　测向接收机输出功率（均超过检测门限）

（a）干扰前；（b）干扰后。

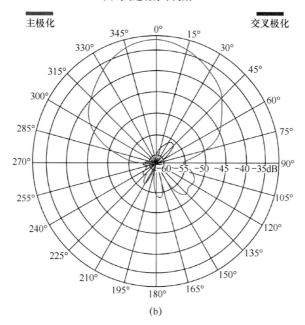

天线的远场分布高频-E.nsi

图 6.8　实测的干涉仪天线极化方向图

（a）0.5GHz 频率；（b）1.4GHz 频率。

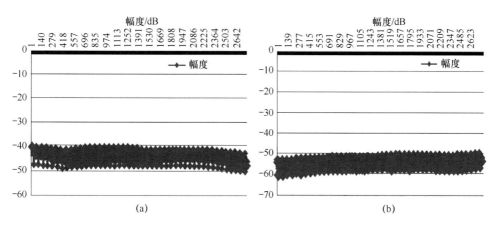

图 6.9　测向接收机输出功率（均超过检测门限）

（a）干扰前；（b）干扰后。

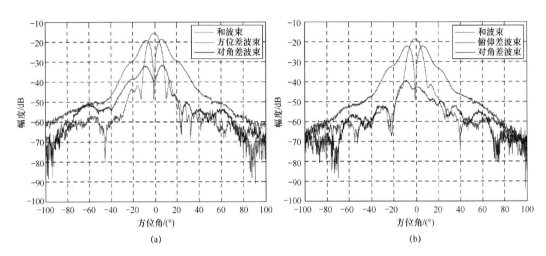

图 6.21　实测幅度方向图

（a）方位面；（b）俯仰面。

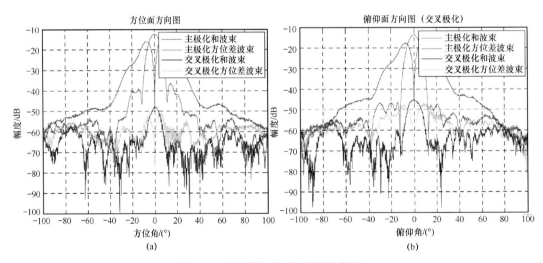

图 6.22　主极化和交叉极化的方向图

（a）方位面；（b）俯仰面。

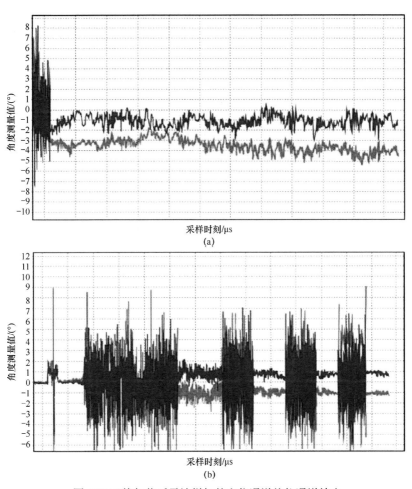

图 6.25 干扰加载后雷达样机的方位通道俯仰通道输出

（a）干信比 22dB；（b）干信比 26dB。

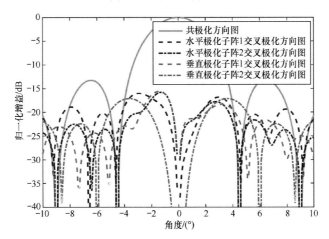

图 7.10 各子阵的主极化和交叉极化幅度方向图

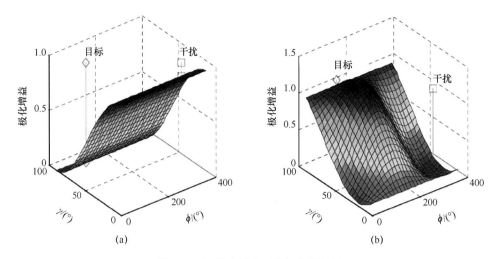

图 7.25 极化滤波前后的极化增益图

（a） 极化滤波前的极化增益图；（b） 极化滤波后的极化增益图。

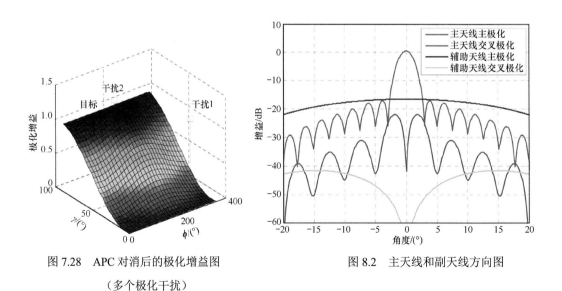

图 7.28 APC 对消后的极化增益图

（多个极化干扰）

图 8.2 主天线和副天线方向图

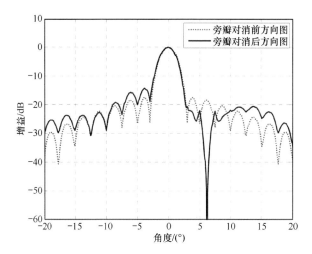

图 8.3　常规旁瓣对消效果

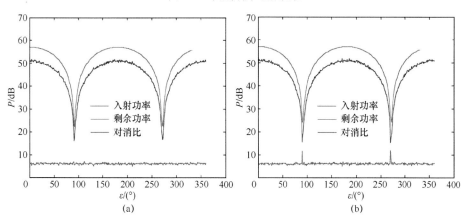

图 8.6　ASLC 工作性能随干扰极化角变化曲线

（a）主辅通道特性一致时；（b）主辅通道特性不一致时。

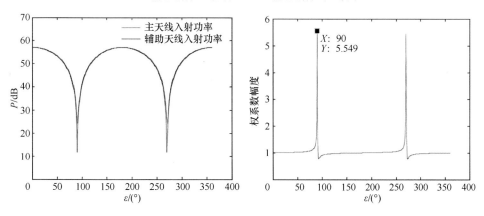

图 8.7　ASLC 工作性能随干扰极化角变化曲线

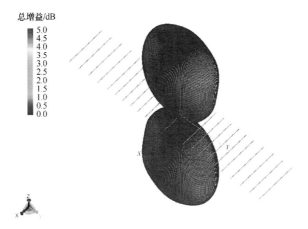

图 8.18　辅天线三维远场方向图

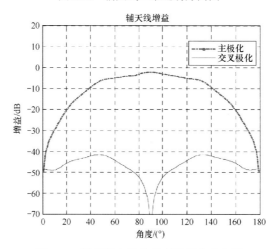

图 8.19　辅天线主极化和交叉极化方向图

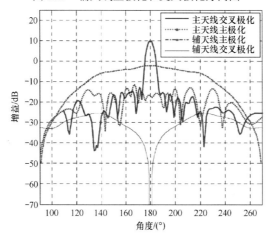

图 8.20　主辅天线主极化和交叉极化方向图